"地方高校转型发展"实习实训试点系列教材

鄂南自然地理实习教程
ENAN ZIRAN DILI SHIXI JIAOCHENG

陈锐凯　徐新创　程东来　编著

"'地方高校转型发展'实习实训试点系列教材"

编委会

主　　任：钟儒刚
副主任：韩冰华　徐新创　何国松　程东来
　　　　陈　志

《鄂南自然地理实习教程》编委会

主　　编：陈锐凯
副 主 编：徐新创　程东来
参编人员：王朝南　钟学斌　熊晚珍　汤　民
　　　　　王　建　朱忠良

前　言

鄂南地区泛指湖北省咸宁市及其周边地区，北部为江汉平原，南部为幕阜山系，西临洞庭湖，东远接鄱阳湖，可谓一原一山加两湖。鄂南地区地势由北至南依次为平原、丘陵、低山、中山，呈阶梯状抬升；最低点为北部长江河谷，最高点为幕阜山系九宫山脉最高峰——老鸦尖，海拔1656m。区内地形较复杂，地质景观丰富，生物类型多样，是高校开展自然地理实习的良好场所。

本教材分为4篇，分别为地质学实习篇、地貌学实习篇、气象学实习篇、植物地理学与土壤地理学实习篇。每一篇首先介绍鄂南地区相应主题的区域概况，再介绍野外实习的基本方法，最后详细介绍实习路线、实习点和实习内容，是一本内容完备且能够到手即用的实用型教材。

本书的撰写分工如下：地质学实习篇，陈锐凯、钟学斌、程东来；地貌学实习篇，王朝南、陈锐凯；气象学实习篇，徐新创；植物地理学与土壤地理学实习篇，熊晚珍、汤民、王建；附录，朱忠良；全书由陈锐凯整理并统稿。

教材尚有不完备之处，主要在于：

（1）鄂南地区范围广大，其中还有许多典型的地理现象因各种原因未能纳入本教材内，有待进一步完善。

（2）缺乏独立的水文学实习章节。

（3）每一门学科实习内容单独成篇，导致许多实习点和部分实习路线在不同章节中重复出现，初次使用前，还需根据具体情况预先进行实习路线规划。

（4）教材尚缺乏PPT、影像、数字地图等配套电子资源。

本教材虽成书于2020年，但实习内容和实习路线来源于湖北科技学院地理科学专业自20世纪80年代起累积多年的宝贵经验，在此特别感谢程东来、钟学斌、王朝南等为湖北科技学院地理科学专业自然地理实习课程无私奉献数十年的前辈教师。

教材首次出版，殷切希望广大读者，特别是使用本书的教师和同学们，提出批评和改进意见，以便在后续版本中逐步修订与完善。

目 录

地质学实习篇

第一章　实习区域地质概况 ……………………………………………………（3）
　　第一节　区域地层概况 ……………………………………………………（3）
　　第二节　侵入岩 ……………………………………………………………（8）
　　第三节　构造 ………………………………………………………………（10）
　　第四节　地质构造发展简史 ………………………………………………（13）

第二章　地质学实习方法 ………………………………………………………（16）
　　第一节　岩石的观察 ………………………………………………………（16）
　　第二节　地层的观察 ………………………………………………………（20）
　　第三节　地质图的阅读 ……………………………………………………（21）
　　第四节　岩层产状的测量 …………………………………………………（23）

第三章　实习路线 ………………………………………………………………（25）
　　第一节　火成岩实习 ………………………………………………………（25）
　　第二节　地层实习 …………………………………………………………（28）
　　第三节　变质岩实习 ………………………………………………………（34）
　　第四节　构造实习 …………………………………………………………（35）

地貌学实习篇

第四章　实习区域地貌概况 ……………………………………………………（41）
　　第一节　基本概念 …………………………………………………………（41）
　　第二节　区域地貌总体特征 ………………………………………………（44）
　　第三节　核心区地貌特征 …………………………………………………（45）
　　第四节　冰川地貌 …………………………………………………………（47）
　　第五节　水文概况 …………………………………………………………（51）

第五章　实习路线 ………………………………………………………………（53）

气象学实习篇

第六章　鄂南地区气象特征 ………………………………………………………………（67）

第七章　气象要素的观测原理与判定方法 ………………………………………………（69）

　　第一节　温度、湿度的量测原理和方法 …………………………………………………（69）

　　第二节　几种易混淆云类的观察与识别方法 ……………………………………………（71）

　　第三节　风速的观测与风级的判定 ………………………………………………………（72）

　　第四节　雨量量测及分级方法 ……………………………………………………………（74）

　　第五节　光照时数测定 ……………………………………………………………………（75）

　　第六节　气压的测定 ………………………………………………………………………（76）

第八章　实习路线 …………………………………………………………………………（77）

　　第一节　校园气象实习 ……………………………………………………………………（77）

　　第二节　咸宁市气象站气象实习 …………………………………………………………（79）

　　第三节　九宫山山地气候观测实习 ………………………………………………………（81）

植物地理学与土壤地理学实习篇

第九章　生物与环境 ………………………………………………………………………（87）

　　第一节　生物与环境的相互影响 …………………………………………………………（87）

　　第二节　环境与生态因子 …………………………………………………………………（87）

　　第三节　植物的环境 ………………………………………………………………………（87）

　　第四节　植物与温度的关系 ………………………………………………………………（88）

　　第五节　植物与水的关系 …………………………………………………………………（89）

　　第六节　植物与土壤的关系 ………………………………………………………………（89）

第十章　九宫山自然保护区植被与土壤概况 ……………………………………………（92）

　　第一节　九宫山保护区植被 ………………………………………………………………（92）

　　第二节　土壤概况 …………………………………………………………………………（93）

第十一章　植物群落调查法 ………………………………………………………………（100）

　　第一节　植物群落样地调查法 ……………………………………………………………（100）

　　第二节　植物群落无样地调查法 …………………………………………………………（104）

　　第三节　频度法 ……………………………………………………………………………（105）

第十二章　土壤剖面野外观察及土壤标本采集的方法………………………………（106）
　　第一节　实习目的……………………………………………………………………（106）
　　第二节　实习器材……………………………………………………………………（106）
　　第三节　实习内容……………………………………………………………………（106）
第十三章　实习路线……………………………………………………………………（114）
附录　野外实习注意事项………………………………………………………………（122）
主要参考文献……………………………………………………………………………（124）

地质学实习篇

第一章　实习区域地质概况

鄂南地区北起江汉平原，南至幕阜山系。区内地层层序较齐全，从元古宇至新生界均有出露；岩石种类齐全，三大岩类均有广泛分布；褶皱构造、断裂构造普遍发育；地质遗迹丰富，有咸宁市九宫山-温泉国家地质公园（在建）、黄石市国家矿山公园等——是开展地质实习的理想场所。

第一节　区域地层概况

一、实习区域地层表

区内地层出露较齐全，从元古宇到新生界均有出露。地层系统划分如表1-1所示。

表1-1　实习区域地层表（据湖北省地质局，1966）

界	系	岩石地层单位	厚度/m
新生界	第四系		6.5～24
	新近系		>436
	古近系		
中生界	白垩系	上火山岩组	400
	侏罗系	灵乡群	630
		武昌群	173
	三叠系	蒲圻组	400～500
		嘉陵江组	>323
		大冶组	80～323
古生界	二叠系	长兴组	0～21.5
		吴家坪组	0～291
		茅口组	139～201
		栖霞组	142～313
	石炭系	黄龙组	9.5～104
	泥盆系		0～18
	志留系	茅山组	1～370
		坟头组	900～1617
		高家边组	762～1142

续表 1-1

界	系	岩石地层单位		厚度/m
古生界	奥陶系	五峰组		2.7~6.8
		临湘组		2.7~5.8
		宝塔组		47~61
		牯牛潭组		14~24
		大湾组		42~59
		红花园组		12~111
		分乡组		7~47
		南津关组		130~184
	寒武系	娄山关组		213
		高台组		514~610
		石龙洞组		74~94
		天河板组		17~33
		石牌组		213~322
		东坑组		264~332
元古宇	震旦系	灯影组		121~246
		南沱组		66~271
	板溪群	上亚群	梅坑组	>3562
			伊山组	9372
		下亚群		369

二、地层分述

1. 元古宇板溪群

板溪群是本区域内最古老的岩层，分布在中部大磨山脉和南部九宫山脉，面积约 496km²，为一套砂、泥、黏土质沉积，由砾岩、含砾砂岩、硬砂岩、粉砂岩、粉砂质黏土岩、黏土岩、水云母页岩、板岩、千枚岩等组成。岩层沉积韵律明显，属砂页岩复理石建造。出露总厚度 13 304m。本群褶皱复杂，断裂亦很发育，产状变化大。岩石一般均轻度变质，但在沙店以西、九宫山杂岩体以北地区变质较深，为石榴子石二云母石英片岩、石榴子石黑云母石英片岩及黑云母石英片岩，与上覆震旦系呈角度不整合接触。地层由下至上依次为下板溪亚群、上板溪亚群伊山组、上板溪亚群梅坑组，其岩性特征分述如下。

（1）下板溪亚群。出露于太平尖以南，由灰色、灰绿色硬砂岩、黏土质粉砂岩及含粉砂质页岩组成。上部夹砾石及细砾岩，顶部为褐铁矿帽型的古风化壳，含粉砂质页岩中具条带、条纹构造。可见厚 369m。

（2）上板溪亚群伊山组。可分为下、中、上 3 段。

A. 下段分布于老鸦尖以南及四面山—伊山江以南地区。底部为灰色巨厚层状砾岩夹细砾岩及硬砂岩，向上则为灰色、灰绿色细粒硬砂岩、黏土质粉砂岩、水云母页岩、粉砂质板岩、板岩等。与侵入体接触处变为堇青石角岩。总厚4902m，与下板溪亚群呈平行不整合接触。

B. 中段分布于高湖以南，九宫山、鸡冠岩一带及余洞山以南，伊山江以北的地区。底部为灰绿色厚层状细粒硬砂岩，局部含砾，向上则主要由厚层状黏土质粉砂岩及粉砂质黏土岩组成。下部及中部普遍发育有波痕、交错层理、条纹、条带，并含碳质。于侵入体接触处变为堇青石角岩，厚3418m，于沙店断层以西变质为石榴子石黑云母石英片岩、石榴子石二云母石英片岩。

C. 上段下部为灰色厚层、巨厚层状细粒硬砂岩，局部含砾岩；上部由硬砂岩、水云母页岩组成，水云母页岩中条带、条纹发育。与侵入体接触处变为堇青石角岩，厚1052m，于沙店断层以西变为黑云母石英片岩。

（3）上板溪亚群梅坑组。可分为下、中、上3段。

A. 下段底部为绿灰色巨块状岩屑砾岩，其上为厚层细粒硬砂岩、含粉砂质黏土岩。厚2097m，与下伏伊山组呈整合接触。

B. 中段分布于九宫山北坡及大磨山、坑口背斜核部，主要由灰色、绿灰色千枚岩及粉砂质千枚岩组成，中上部夹有变质砂砾岩及变质砂岩。厚860m。在大磨山区由千枚岩、粉砂质板岩、板岩组成。

C. 上段主要出露于坑口背斜两翼。主要由灰—灰绿色板岩组成，底部及中部为巨厚层砾岩石英砂岩。厚604m。

2. 震旦系

震旦系分布在区域东部大磨山、幕阜山背斜北翼。由上、下两套岩性组成。下部为砾岩、长石石英砂岩、石英砂岩、粉砂质页岩、冰碛岩等；上部为页岩、白云岩、碳质页岩、硅质岩及灰岩。与板溪群呈角度不整合接触。岩石有不同程度变质现象，南部靠近侵入体，变质较深。

3. 寒武系

寒武系分布于区域中部、通山珍珠口、小岭、咸宁泉山口、崇阳鹿门铺一带，构成大磨山复式背斜的核部及翼部。主要由白云岩、鲕状或角砾状白云岩、灰岩、碳质页岩、粉砂质页岩组成，为一套以海相碳酸盐岩为主的沉积。总厚1270～1620m，与下伏震旦系灯影组呈平行不整合接触。

（1）东坑组。底部为碳质页岩含黄铁矿、磷结核硅质粉砂质页岩、泥质粉砂岩，局部见石英砂岩；中上部为碳质灰岩夹碳质页岩；顶部含白云质鲕状灰岩，为一套浅海相沉积，岩性和厚度均较稳定。总厚264～332m。

（2）石牌组。下部一般为粉砂质页岩、钙质页岩夹泥质灰岩；上部含粉砂质页岩；顶部为钙质粉砂岩夹灰岩透镜体。厚213～322m。

（3）天河板组。由泥质条带白云质灰岩夹鲕状、豆状灰岩组成。厚17～33m。

（4）石龙洞组。由巨厚层、块状白云岩夹灰质白云岩组成，具有瘤状及条带状构造特征。厚74～94m。

（5）高台组。由一套以灰—浅灰色中厚—巨厚层白云岩夹鲕状豆状白云岩为主的岩层组成，上部夹不稳定的白云质石英砂岩及页岩，底部夹泥质灰岩及硅质结核，白云岩总厚514～610m，与下伏地层呈整合接触。

（6）娄山关组。下部为灰—浅灰色厚—巨厚层细粒白云岩，风化后呈糖粒状，其表面呈刀砍状明显；上部为灰—浅灰色厚—巨厚层微粒灰岩夹中厚层细粒白云岩、白云质灰岩。区域内岩性及厚度较稳定，总厚213m，与下伏地层高台组整合接触。

4．奥陶系

奥陶系发育完整，分布于大磨山复式背斜翼部，通山刘家垱、咸宁周家、崇阳白羊山一带。以浅海相碳酸盐为主，由灰岩，白云质灰岩，瘤状、龟裂纹灰岩等组成，次有少量页岩。地层由下至上依次为南津关组、分乡组、红花园组、大湾组、牯牛潭组、宝塔组、临湘组、五峰组。

（1）南津关组。上部为深灰色中厚层微粒灰岩夹白云质灰岩，中部为含燧石结核及燧石条带灰质白云岩加细粒白云岩，下部为含泥条带微—粗粒白云质灰岩。厚130～184m。

（2）分乡组。微—粗粒结晶灰岩及燧石条带灰岩与页岩互层。厚7～47m。

（3）红花园组。微—细—粗粒结晶灰岩，顶部为深灰色泥质龟裂纹灰岩。厚12～111m。

（4）大湾组。紫红色瘤状生物灰岩，或为灰色瘤状灰岩，时夹黄色页岩。厚42～59m。

（5）牯牛潭组。紫灰色龟裂纹灰岩，含铁质结核，总厚14～24m。与下伏大湾组整合接触。

（6）宝塔组。下部为龟裂灰岩，含铁质结核；上部为瘤状生物泥质灰岩。盛产头足类及三叶虫化石。厚度47～61m。

（7）临湘组。下部为泥质瘤状灰岩夹黏土质页岩；上部为黏土质页岩泥质瘤状灰岩，泥质瘤状灰岩风化后呈黄带褐色，松软。总厚2.7～53m。

（8）五峰组。下部为黑色黏土页岩含碳质页岩；上部为黑色泥质硅质岩和硅质碳质页岩。总厚2.7～2.8m。

5．志留系

区内志留纪地层厚度大，岩性较为复杂，总体上显示为向上变浅的海退进积序列。早志留世，细碎屑和泥质沉积，发育水平纹层理，沉积环境为低能较深水体的陆棚海；中志留世以细碎屑沉积为主，具沙纹层理，属水体较浅的陆棚海环境；晚志留世，以石英粉砂岩—细砂岩为主，发育交错层理，显示由陆棚海临滨环境过渡到前滨环境的沉积，最后海退成陆，遭受剥蚀。加里东运动致使地壳上升，海水退出本区，结束了本纪地层的沉积，后经历了较长时间的剥蚀。

区内志留系出露较为完整，京广线南东、冷水坪三源公社一线以北广泛分布。主要为一套浅海相碎屑沉积，底部为黑色碳质页岩，下部为粉砂岩及砂岩，中部主要为粉砂质页岩，上部为粉砂岩及石英细砂岩。总厚1884～3131m。与下伏地层奥陶系五峰组呈整合接触。地层由下至上依次为高家边组、坟头组、茅山组。

（1）高家边组。可分为上下两段，下段为碳质页岩、含碳质粉砂质页岩；上段由石英细砂岩、粉砂质页岩以及砂岩、长石石英砂岩组成。盛产笔石，岩石普遍具有条带及条纹微层构造。总厚762～1142m。

（2）坟头组。岩性可分为3段。上段为黄绿色粉砂质页岩夹少许薄层砂岩，偶夹含磷的白云岩团块，页岩具有蠕虫状构造，产丰富的介壳相化石；中段为粉砂质页岩与泥质粉砂岩互层，底部见夹数层不稳定紫红色泥质粉砂岩及粉砂质页岩，上部夹含磷砂岩；下段以粉砂质页岩为主，夹泥质粉砂岩，底部偶夹灰岩透镜体，波痕构造普遍发育，上部含锰质粉砂岩中产腕足类、三叶虫、海百合茎化石。总厚900～1617m。

（3）茅山组。在横石一带，上部为细粒砂岩，下部为粗粒粉砂岩；在北部咸宁邱家一带，上部为粗粒石英粉砂岩，下部为泥质粉砂岩。厚1～370m。

6．泥盆系

区域内下、中泥盆统缺失，上泥盆统呈平行不整合直接上覆于上志留统，主要出露于实习区域东部。岩性可分为2段。上段以浅黄色、灰白色等杂色粉砂质细砂岩、粉砂质页岩、黏土岩为主，偶夹石英岩状砂岩；下段以灰白色、肉红色中—厚层或块状石英岩状砂岩、石英砂岩或含铁石英为特征，偶夹细砂岩、粉砂岩页岩或砂砾岩，底部常见石英砾岩或含砾砂岩，具楔形层理。

7．石炭系

区域内上石炭统缺失，中石炭统分布于河山岭、城山、横石至港口一线以北的广大地区，组成各向斜两翼。

中石炭统黄龙组为一套浅海相碳酸盐岩，下部为块状白云岩，上部为厚层灰岩及鲕状灰岩。总厚9.5～104m。与下伏上泥盆统—下石炭统或上志留统呈平行不整合接触。

8．二叠系

（1）栖霞组。岩性可分为上、下两段。下段由滨海及浅海相之石英细砂岩、碳质页岩、煤及碳质灰岩组成，厚0.3～25m；上段由海相碳质瘤状灰岩、含燧石结核条带灰岩、生物碎屑灰岩及燧石层等组成，厚142～288m。与下伏中石炭统黄龙组呈平行不整合接触。

（2）茅口组。由浅海相燧石结核灰岩、生物碎屑灰岩及碳质灰岩、含锰硅质岩组成，总厚138～201m。

（3）吴家坪组。主要为浅海相含燧石结核条带灰岩、硅质岩及硅质页岩，底部为过渡相碳质页岩及煤层。厚0～271m。与下二叠统茅口组呈平行不整合接触。

（4）长兴组。仅出露于楠林桥及上彭之东，岩性单一。厚21.5m。

9．三叠系

（1）大冶组。由浅海相灰岩、白云质灰岩、鲕状灰岩及页岩、泥质灰岩等组成，分布于青山铺、横石塘至月坪一线以北各向斜翼部及核部。厚80～323m。与上二叠统吴家坪组呈平行不整合接触，局部与上二叠统长兴组呈整合接触。

（2）嘉陵江组。为一套海相白云岩、白云质灰岩、灰岩夹鲕状灰岩及角砾状白云岩，底部为薄层白云岩，均未见顶。出露厚度为323m。与下三叠统大冶组呈整合接触。

（3）蒲圻组。主要由粉砂质页岩、粉砂岩及细砂岩组成，含钙质结核，零星出露于赤壁涂家一带。与下伏地层接触关系不明。

10. 侏罗系

(1) 武昌群。陆相含煤沉积，分布于实习区西北涂家及神山一带，主要岩性为砾岩、石英砂岩、泥质粉砂岩、黏土岩夹煤。总厚173m。与上三叠统蒲圻组呈角度不整合接触。

(2) 灵乡群。上侏罗统仅分布于实习区北部金牛镇南和潭桥北，面积为16.5km²。岩性主要为黄色、紫红色长石石英砂岩，砂质页岩、粉砂岩及砾岩，间夹有安山岩等。出露零星，多被第四系覆盖，与上覆、下伏地层接触关系不明。

11. 下白垩统

区内下白垩统上火山岩组，分布于北部燕窝以北，面积仅为2.5km²。岩性主要为灰色、灰紫色英安斑岩，紫红色粉砂岩及砾岩。英安斑岩呈块状或气孔构造，斑晶为板状长石。另外，本组在大冶市雷山、灵乡、金牛、大茗乡及保安一带有较大面积分布，岩性主要为火山碎屑岩及酸性熔岩，次为中性熔岩。

12. 上白垩统—第三系（古近系＋新近系）

该地层单元分布于通山燕厦、大畈、楠林桥、崇阳、咸宁以北等地区，出露最大厚度436m，为山间盆地陆相堆积。岩性相当复杂，亦有火山活动，可见玄武岩夹于紫红色钙质粉砂岩中。按岩性可分为3段：下段可分为上、下两个部分，上部为灰绿色、紫红色钙质粉砂岩夹页岩及泥灰岩，下部为砾岩；中段为一套紫红色钙质粉砂岩夹多层砾岩；上段为一套厚层砾岩，砾石成分主要为灰岩。多被第四系覆盖，出露不完整。

13. 第四系

在实习区内大面积分布。沉积物有砂砾石、含砾亚黏土、砂质亚黏土及松散含少量铁锰质薄膜及砾石砂质黏土等，多呈垅岗地形。主要为冲积、洪积及部分残积。部分地区可见洞穴堆积，并有古脊椎动物化石。总厚24m。与下伏各地层均呈不整合接触。

(1) 更新统。岩性至上而下分为4层。

A. 砾石层。一般由石英岩、石英砂岩、硅质岩等组成，磨圆程度较好，多呈扁平、长柱、蛋、豆等形状，分选差，由红色黏土黏结。总厚0～6m。

B. 砖红色含砾网纹亚黏土层。与第一层相似，但砾石含量少，粒径小，具小型斑块状、蠕虫状网纹，网纹由白色高岭土组成。本层分布较广，顶部时有1～2层砾石透镜体。厚约8m。

C. 砖红色、棕黄色砂质亚黏土层。具大量铁锰质薄膜及结核，并含砾石，粒径一般小于5mm。厚0～3m。

D. 红土。含极少量铁锰质薄膜和砾石，属砂质黏土。厚0～2m。

(2) 全新统。遍布全区，多为近代河相、湖相沉积物及风化物。多分布于河流Ⅰ级阶地、河漫滩及河床的冲洪积相，由砾、砂、黏土及淤泥组成。厚0.5～10m。

第二节　侵入岩

实习区内岩浆活动较频繁，元古宙已有岩浆活动，产出辉绿岩脉；中生代至少有两次岩浆侵入，形成中酸性及酸性岩石，岩体规模从岩基到岩株、岩脉均有出现；新生代有少量玄武岩喷发。中生代所形成侵入体，主要分布于刘仁八地区及九宫山地区。

现将九宫山杂岩体的主要特征描述如下。

一、岩性特征

九宫山杂岩体可分为南坡小九宫侵入体和太阳山侵入体，其岩性特征如表1-2所示。

表1-2 九宫山杂岩体岩性特征（据湖北省地质局，1966）

岩体名称		分布位置	面积/km²	相带划分	岩性
九宫山杂岩体	南坡小九宫侵入体	刘家桥—小九宫一带	50	内部相	中粒斑状黑云母二长花岗岩
				过渡相	中粒含黑云母二长花岗岩
				边缘相	细粒斑状黑云母二长花岗岩
	太阳山侵入体	杨宫、付家山、洞子山一带	81	过渡相	中粒（含黑云母）花岗岩
				边缘相	细粒（含黑云母）花岗岩

二、脉岩

九宫山杂岩体受后期断裂影响，广泛发育各种脉岩。脉岩生成时间是多期次的，但受节理严格控制，主要有石英脉、花岗岩脉、伟晶岩脉、细晶岩脉、闪长岩脉、正长岩脉、煌斑岩脉等，岩脉与九宫山的金属成矿有着密切的联系。

三、岩体形态及接触带特征

1. 岩体形态

（1）接触面情况：该杂岩体位于幕阜山背斜北翼，侵入于元古宇板溪群中，在北部大屋程一带与下古生界以断层接触，其长轴方向北东向。岩体呈岩基产出，接触面不大平整，大部分外倾，局部内倾。

（2）顶面起伏状况：岩体垂直分带较明显，顶部起伏较大，高低相差悬殊，并在不同高度有零星出露。最高点在老鸦尖、三峰尖一带。

（3）形成深度与剥蚀深度：岩体相带清楚，过渡关系明显，岩性较为均一，斑状结构普遍发育，过渡相中也时常保存较大斑晶，表明岩体是在中深条件下形成的。岩体所暴露的边缘相分布面积较大，且往往出露于山顶，岩体中常见捕虏体。九宫、圆通寺一带尚有围岩形成的顶盖出现，说明岩体剥蚀程度较浅。

2. 接触带特征

内接触带普遍产生硅化、高岭石化，在岩脉两侧及破碎断裂带中往往可见绿泥石化、绢云母化等蚀变作用，在含矿石英脉边缘中可见云英岩化。外接触带随围岩性质不同而有所变化，主要是硅化，局部见角岩化（湖北省地质局，1996；王青锋等，2002）。

第三节 构造

本区位于下扬子台褶皱带的边缘地带、雪峰台隆起的北缘,为两构造交接之地,褶皱、断裂比较发育,有的伴有岩浆活动。

从元古宙至中—新生代,本区经受了多次的构造运动,主要有雪峰运动、印支亚旋回的构造运动(金子运动、南象运动)、燕山亚旋回的构造运动及喜马拉雅旋回的构造运动,其中以雪峰运动和金子运动规模较大,表现强烈。

根据各构造运动时期及其构造运动特点,可划分为4个构造单元,即由前震旦系组成的幕阜山复背斜,由震旦系—中三叠统组成的通山复式向斜、大磨山复式背斜及大冶复式向斜,由中生界组成的神山复式向斜和由上白垩统—第三系组成的红色构造盆地。

幕阜山复背斜为地槽型的紧密线状褶皱,以不对称背、向斜为特征,局部倒转。通山复式向斜和大磨山复式背斜北部均倒转。神山复式向斜为平缓开阔褶皱。红色构造盆地褶皱较轻微。

区内断层比较发育,可分为3组:近东西向的走向断层,伴随着印支运动早期的褶皱而发生;北东向断层,破坏和干扰了印支期的褶皱断裂;北西向断层,发生在前两组断裂之后,规模较小。

一、褶皱

1. 由前震旦系组成的褶皱

幕阜山复背斜位于实习区东南角,仅出露其北翼,北与通山复式向斜南翼接触。由板溪群组成次一级的不对称及倒转褶皱,东部较西部发育,西部被花岗岩体吞没。轴面一般北倾,轴线近于东西向延伸。倒转褶皱规模一般大于不对称褶皱。不对称褶皱背斜北翼较缓,南翼较陡。

2. 由震旦系—中三叠统组成的褶皱

1)通山复式向斜

通山复式向斜位于区域南部,北与大磨山复式背斜南翼相接,四坑塘—路口以断层和红色构造盆地相隔。该复式向斜主要由河山岭-潘山向斜、梅港倒转背斜、通山倒转向斜组成。

(1)河山岭-潘山向斜。位于梅港倒转背斜之南。轴向呈北东东向延伸。核部在潘山一带,为下—中三叠统不对称褶皱,以西为二叠系。北翼倾向南南东,倾角40°~60°;南翼倾向北北西,倾角40°~55°。

(2)梅港倒转背斜。位于河山岭-潘山向斜之北。轴向呈北东东向延伸长达100余千米,宽3~4km。核部多由中志留统组成。北翼由上志留统和石炭系、二叠系组成,倾向南东东,倾角70°~80°;南翼岭下铺以西由上志留统组成,零星出露石炭系、二叠系,倾向南南东,倾角30°~40°。

(3)通山倒转向斜。位于梅港倒转背斜之北,北与大磨山复式背斜相接。轴向北东东向延伸,长100km,楠林桥以东宽4km,楠林桥以西由于次一级褶皱发育,其宽达11km。核部由中三叠统组成，两翼均为石炭系、二叠系。北翼倾向南南东，倾角 35°～45°；南翼倾角 55°～75°。

2）大磨山复式背斜

大磨山复式背斜位于区域中部，北与大冶复式向斜南翼相接，南与通山复式向斜北翼相接，由坑口背斜、黄石洞向斜、大磨山背斜及次一级的徐立中向斜和付家岭背斜组成。褶皱轴近东西向延伸，高槎桥至石门一线以西转为北东东向。褶皱轴被北东向断裂组切割，从西向东渐次北移。

坑口背斜和大磨山背斜核部均为上板溪亚群梅坑组，古生界与由上板溪亚群梅坑组组成的褶皱相吻合，两翼均为寒武系、奥陶系及志留系。坑口背斜长达 100 多千米，宽 6km。北翼倾向北，倾角 55°～70°；南翼倾向南，倾角 30°～40°。大磨山背斜长 62km，宽 12km，褶皱轴东西延伸，两端倾伏。北翼倾向北，倾角 45°～75°；南翼倾向南，倾角 40°～60°。

黄石洞向斜位于以上两个背斜之间，长 67km，宽 5km。该向斜在老屋阮北东向断裂处抬起，向东西两端倾伏，其核部地层向西依次出露寒武系—下三叠统，向东依次出露志留系—下三叠统。

3）大冶复式向斜

大冶复式向斜位于区域北部，区内出露的部分为大冶复式向斜南翼，南与大磨山复式背斜相接。褶皱轴呈弧形，在高桥—杨仁铺一线以东为北西西向，以西转为北东向。该复式向斜在本区包括高桥向斜、孙鉴铺倒转背斜、贾家山倒转向斜、殷祖背斜及次一级的随阳向斜、张家湾倒转向斜等。背斜核部主要由中志留统组成，仅在温泉出露中、上奥陶统；向斜核部均由中三叠统组成；石炭系、二叠系构成了背斜和向斜两翼。

（1）高桥向斜。北与孙鉴铺倒转背斜相接，南与大磨山复式背斜相接，长 95km，宽 3km。北翼倾向南，倾角 30°～45°；南翼倾向北，倾角 40°～55°。

（2）孙鉴铺倒转背斜。南与高桥向斜相接，长 95km，宽 1～3km，在温泉一带宽 6km。北翼倒转，南翼较缓（倾角 40°～55°）。

（3）贾家山倒转向斜。南与孙鉴铺倒转背斜相连，长 95km，宽 5km。向斜轴线不清，两翼岩层倾向在秦家畈以东倾向南南西，在咸宁以西倾向南南东，北翼较缓（倾角 35°～50°），南翼较陡（倾角 70°～80°）。

（4）殷祖背斜。褶皱轴近东西向，长 35km，宽 6km，背斜核部大部分被刘仁八侵入体吞没。北翼出露较全，次一级褶皱较南翼发育，岩层倾向北，倾角 45°～55°；南翼有 1 个次一级的背斜和向斜。

3．由中生界组成的褶皱

神山复式向斜位于区域西北，被大片第四系和湖泊掩盖，仅出露 2 个向斜、1 个背斜，由上三叠统蒲圻组和下侏罗统武昌群组成。褶皱轴均呈北东向延伸，褶皱较平缓开阔。

4．由上白垩统—第三系组成的红色构造盆地

褶皱较发育，受构造控制，分布在中部和北部：中部有崇阳、宋家祠、燕斥等盆地，沿路口-下杨断裂呈北东东向不连续分布；北部有横沟桥，被大片湖泊和第四系掩盖。

褶皱一般平缓而开阔，岩层倾角 5°～15°。断裂不发育，规模小，多属正断层。在八湘

湖、宋家祠盆地中有少量的玄武岩喷发。

二、断层

全区断层有 200 余条，近东西向的走向断层规模较大，多分布于中部和北部；北东向断层规模次之，而数量较多，分布于南部；北西向断层规模小，数量少，多分布于通山复式向斜中。现分别叙述如下。

1．近东西向的走向断层组

本组断层平行于褶皱轴，多发育在背、向斜翼部，少数见于背斜轴部，逆断层较多，正断层次之。其中具代表性的断层如下。

1）双港口逆断层

双港口逆断层位于殷祖背斜南翼双港口一带，向西延至毛家铺水库消失，东至花忧树被八湘湖红色构造盆地掩盖，长 19km。走向 295°，倾向 205°，倾角 65°～70°。此断层使中志留统逆冲于二叠系和下三叠统之上。断层角砾岩及糜棱岩发育，破碎带宽 50m。沿破碎带有石英闪长岩脉侵入，并伴随有硅化、矽卡岩化及生成铜矿化。

2）路口-下杨北逆断层

路口-下杨北逆断层位于路口—下杨一带，断层线呈近东西向延伸，因被崇阳、宋家祠等红色构造盆地掩盖而断续出露，东端在庙岭南消失，可见长 96km。断层面倾向南，倾角 65°～75°。破碎带宽 120～200m，沿断裂带发育有糜棱岩和角砾岩，有硅化、断层擦痕和断层泉分布。志留系的页岩、粉砂岩被挤压成鳞片状定向排列，且牵引褶皱亦十分发育。断层在地貌上反映明显：东部断层两侧地貌形态有显著的不同，西部沿断层线形成凹地。

3）石屋寺逆断层

石屋寺逆断层位于蒸背顶至龙港一带，断层线沿 NEE 86°延伸，东端被第四系掩盖，西端在蒸背顶处为北东向断层所截，长 17km。断层切割奥陶系、志留系、石炭系及二叠系。断层倾向 275°，倾角 60°。断层上盘为下奥陶统，逆冲于志留系、石炭系、二叠系之上。断裂破碎带宽 25～50m，沿断裂带发育糜棱岩、角砾岩及断层擦痕等，并有强烈硅化。地貌反映明显，沿断层线硅化岩石形成陡崖。

2．北东向断层组

本组断层均斜切褶皱和近东西向走向断层，规模较大。断层线在东部呈 NE 35°～40°延伸，在西部呈 NE 20°～35°延伸，断层面倾角在 60°以上。断层两盘除垂直落差外，尚有水平位移，表现为西盘南移，东盘北推，因此分别属于逆断层和正断层（平推性质）。其中具代表性的断层如下。

1）塘口北东向逆断层

塘口北东向逆断层位于横岭至楠林桥一带，断层线呈 NE 25°～30°延伸，北端被宋家祠红色构造盆地掩盖，可见长度 30km。断层面倾向 105°，倾角 62°～70°。切割中志留统—中三叠统，水平位移断距 3～11km，表现为西盘南移，东盘北推，并有垂直落差，东盘逆冲上升，属逆断层。断裂破碎带最宽达 500m，沿断裂带普遍有糜棱岩、角砾岩、断层擦痕及断裂泉分布。地貌上形成较直的凹地和沟谷。

2）沙店北东向逆断层

沙店北东向逆断层位于黄竹坪南经沙店—月坪南一带，断层线呈 NE 45°~52°延伸，长 407km，断面倾向 135°~145°，倾角 50°~70°。断层错断板溪群、震旦系、寒武系、奥陶系、志留系及九宫山杂岩体和沙店岩体。断层南东盘的震旦系、寒武系及奥陶系逆冲于奥陶系、志留系之上，属逆断层（平推性质）。沿断裂带见角砾岩、糜棱岩，固受挤压小褶皱发育，断裂带宽 30~70m。刘家桥—沙店一带，沿断裂有 15~40m 厚的石英脉充填。沙店以北，地貌反映较直的凹地，沙店以南的断层南侧形成陡崖，并见有温泉露出。

3）黄沙北东向逆断层

黄沙北东向逆断层位于黄沙—人古山一带，断层线呈 NNE 22°延伸，北端被第四系掩盖，长 15km。断层面倾向 120°，倾角 80°。断层错断中—上志留统、石炭系、二叠系及下—中三叠统，主要为水平移动，断层南东盘相对北移 2500m。沿断裂带普遍发育有角砾岩、擦痕。地貌上沿断层通过处形成较直的凹地。

4）老屋阮北东向逆断层

老屋阮北东向逆断层位于老屋阮—石楠桥一带，断层线弯曲，总体呈 NE 55°延伸，长 16km，断层面倾向 325°，倾角 70°。断层切割震旦系、寒武系、奥陶系和志留系，北端错断近东西向的走向逆断层。断层西盘的震旦系、下寒武统逆冲于中上寒武统、奥陶系和志留系之上。断裂破碎带宽 100~200m，沿断裂带有角砾岩、糜棱岩、擦痕及硅化，拖拽褶皱发育，并有断裂泉分布。

3. 北西向断层

本组断层分布于通山复式向斜，其中以塘口和界牌 2 条北东向断层较为发育。断层线呈 NW 300°~310°延伸，呈雁形排列，规模较小，一般长 2~4km。但在城山以西有 1 条长达 12km 的北西向断层，切断志留系、石炭系及下二叠统。沿断层带有角砾岩、擦痕，断层破碎带宽 20~50m（湖北省地质局，1966；王青锋等，2002）。

第四节　地质构造发展简史

实习区的地质构造演化历史可以追溯到中元古代（表 1-3）。

一、四堡—晋宁旋回

中元古代，实习区内为浅海沉积环境，接受了海相大陆斜坡的火山碎屑浊流沉积，其厚度较大，表明当时该区处于长期下沉的环境。由于该区地壳震荡较频繁，并伴随有少量的火山喷发，沉积岩中有火山碎屑物质出现。

中元古代末期，经晋宁运动（8亿年前），冷家溪群遭受东西向挤压，形成近南北向倒转同斜褶皱，并伴随着南北向剪切变形带的发育。岩石普遍遭受了低绿片岩相区域变质作用。

表 1-3　九宫山地区主要地质事件（据湖北省地质局，1966）

构造旋回	沉积事件	岩浆事件	变形事件	变质事件
喜马拉雅旋回	第四纪松散沉积		差异升降，风化剥蚀	
燕山旋回	白垩纪—古近纪红层沉积	闪长玢岩侵入	伸展断裂，拉张盆地形成	局部低压动力变质和接触变质
		太阳山序列	北（北）东向断裂及宽缓褶皱形成，并叠加改造先期构造	
		小九宫序列		
印支旋回	早—中三叠世碳酸盐岩沉积		抬升隆起，大规模伸展滑脱断裂形成	区域低绿片岩相变质
			由北→南推覆挤压，基底中形成一系列倒转同斜褶皱等，并叠加于先期南北向构造之上，在基底冷家溪群中形成似"穹""盆"构造，并伴随区域低绿片岩相变质；盖层中东西向紧密线性及同斜（倒转）褶皱断裂形成	
加里东—海西旋回	南华纪—二叠纪碎屑岩、碳酸盐岩沉积		震荡升降运动	
四堡—晋宁旋回	冷家溪群地层沉积		东西向挤压，近同斜无劈褶皱系形成	区域低绿片岩相变质

二、加里东—海西旋回

基底形成后，南华纪海侵开始，九宫山区域再度下沉，并于南华纪早期接受了浅海碎屑岩沉积，并伴有海底火山喷发的沉积；南华纪晚期，气候变得寒冷，大陆冰川广布，接受厚度较小的冰川-冰水混合物沉积；尔后，出现短暂气温回升，沉积了在间冰期还原环境下的湖盆相页岩，随后气候变得更加寒冷，形成大陆冰川沉积。

震旦纪，这里为浅海环境，接受了碳酸盐和静水硅泥质沉积。

寒武纪—奥陶纪，这里为浅海陆棚环境。早寒武世为浅海陆棚静水还原环境，接受碳泥质沉积。早寒武世—晚寒武世，存在向南微倾斜的台地斜坡，接受碳酸盐灰泥质沉积，其中发育的示斜坡环境的暖流沉积显示当时九宫山处于由台地向盆地的过渡地带。

奥陶系显示以灰泥质为主的浅海深水盆地特征。与沉积构造特征密切联系的古生物化石群亦有类似的变化。晚奥陶世，转变为非补偿性海盆，接受了黑色硅泥质沉积。

志留纪—二叠纪，地壳震荡频繁，沉积了稳定的碎屑碳酸盐岩建造，志留纪沉积了以砂、粉砂、泥为主的类复理石建造。广西运动造成九宫山地区上升为陆地，使它遭受风化剥蚀，到晚泥盆世接受滨海相碎屑岩沉积，其后又上升为陆，造成上泥盆统及下石炭统的缺失，仅中石炭世沉积了浅海碳酸盐岩。

之后，此地区由早二叠世的滨海沼泽环境过渡到中二叠世的浅海碳酸盐岩沉积环境，到晚二叠世又由滨海沼泽环境渐向静水海盆硅泥质沉积环境过渡。

三、印支旋回

华南地块发生碰撞造山，扬子地块遭受强烈的北向挤压作用，近东西向逆冲推覆构造系统形成，在基底冷家溪群发育以倒转同斜褶皱和逆冲推覆剪切带、断层为代表的逆冲推覆构造系统，并伴随有区域板劈理的形成。叠加早期南北向褶皱之上，形成独特的"穹""盆"构造样式；在震旦纪—三叠纪地层之中形成斜歪或类侏罗山式线性褶皱，并伴生有"×"形共轭剪切断裂的形成，在深部盖层（南华纪至奥陶系）中局部形成低绿片岩相区域变质作用。

其后，随着挤压应力的消退及山体隆起抬升，九宫山地区又发生大规模伸展滑脱。

四、燕山旋回

在 1.5 亿年左右以前，由于滨太平洋板块向欧亚板块俯冲，九宫山形成以断裂构造为主并伴随有北东向褶皱的叠加构造，叠加于早期所有构造之上，形成一系列的隆起和坳陷，并有太阳山和小九宫岩浆岩序列的侵位。

至晚白垩世，随着挤压应力的消退，伸展拉张作用加强，区域性断裂复活，形成区域内一系列断陷盆地，并沉积了红色磨拉石建造。

五、喜马拉雅旋回

新构造运动在测区极为发育，主要表现为地壳的差异升降运动。发育于九宫山周边红层盆地中的北北东向、北北西向断层，以及在杨坪一带发育的北北东向、北北西向走滑断层，可能也为新构造运动的产物。

其后，地壳差异升降，岩石遭受风化剥蚀，在山间、河谷地带零星接受第四系沉积。

第二章 地质学实习方法

第一节 岩石的观察

岩石是内、外地质作用的阶段性产物，按成因可以分为火成岩、沉积岩和变质岩三大类。岩性观察是地质调查的基础，在任何一个基岩露头中，都要从岩性观察入手，从而了解岩石的岩性、层序、产状、构造形态、接触关系和地质时代等特征。野外调查，就是要对岩石露头进行认真观察，根据岩石的矿物成分、结构、构造等基本特征，区分不同类型的岩石，并借此探讨地壳的发展历史。

一、岩浆岩的观察

1. 矿物成分

岩浆岩主要造岩矿物的基本特征如表2-1所示。

表2-1 岩浆岩主要造岩矿物鉴别特征简表（据宋春青等，2006）

矿物	肉眼鉴别特征	共生组合关系
橄榄石	橄榄绿色，玻璃光泽，透明—半透明，硬度大	常与辉石共生，组成超基性岩、基性岩
普通辉石	绿黑色或黑色，玻璃光泽，短柱状	常与橄榄石共生，组成超基性岩；或与基性斜长石共生，组成基性岩
普通角闪石	绿黑色，玻璃光泽，长柱状	常与黑云母、斜长石共生，组成中性岩
黑云母	黑色，片状或板状，极完全解理，有弹性	常与角闪石、斜长石共生，组成中性岩
斜长石	细柱状或板状，白—灰白色，解理面具双晶纹，小刀无法刻动	常与角闪石、黑云母共生，组成中性岩
正长石	肉红色、浅黄色，玻璃或珍珠光泽，短柱状晶体，完全解理	常与云母、石英等共生，组成酸性岩
白云母	透明，片状或板状，极完全解理，有弹性	常与长石、石英等共生，组成酸性岩
石英	透明，六方柱及晶面横纹，玻璃光泽，硬度很大，贝壳状断口，脂肪光泽	常与云母、长石等共生，组成酸性岩

色率：岩浆岩的颜色深浅取决于其中暗色矿物和浅色矿物的含量比例，暗色矿物的含量（体积百分比）称为色率。从超基性岩至酸性岩，暗色矿物含量由多变少、浅色矿物含量由少变多，岩石颜色也由深变浅。一般来说，暗色矿物超过50%以上的多为基性岩和超基性岩，低于25%的多为酸性岩，故根据颜色即可大致确定它是哪一类岩浆岩。亦有例外，如

黑曜岩为酸性火山玻璃岩，但它的颜色却为黑色，与基性岩类似。

2. 结构

依据不同的划分标准，岩浆岩的结构类型不同，详见表2-2。

表2-2 岩浆岩结构分类简表（据宋春青等，2005）

结构类型		划分依据	特征	形成条件
全晶质结构		结晶程度	矿物全部结晶	侵入作用，缓慢冷凝
半晶质结构			矿物部分结晶，部分为玻璃质	喷出作用，较快速冷凝
玻璃质结构			矿物全部为玻璃质	喷出作用，迅速冷凝
显晶质结构	粗粒结构	晶粒大小	晶粒直径大于5mm	深成侵入，缓慢冷凝
	中粒结构		晶粒直径1~5mm	较缓慢冷凝
	细粒结构		晶粒直径0.1~1mm	浅成侵入，较快冷凝
隐晶质结构			肉眼无法分辨矿物颗粒，显微镜下可分辨矿物颗粒	喷出作用下或近地表形成
非晶质结构			矿物未结晶，质地细腻，常具贝壳状断口	喷出作用，迅速冷凝，矿物没有时间结晶
等粒结构		晶粒相对大小	主要矿物的所有颗粒粒径大致相等	深成侵入，缓慢结晶形成
不等粒结构	连续不等粒结构		同种矿物颗粒粒径大小呈一定次序逐渐变化	侵入作用，分别在不同深度逐渐冷却形成
	斑状结构		由两类明显大小悬殊的矿物颗粒组成，大的为斑晶，小的为基质，基质为隐晶质或玻璃质	斑晶在深处结晶形成，基质在浅处或地表快速冷凝形成
	似斑状结构		由两类明显大小悬殊的矿物颗粒组成，大的为斑晶，小的为基质，基质为显晶质	斑晶在深处结晶形成，基质在相对浅处较快速冷凝形成

3. 构造

岩浆岩的常见构造有块状构造、流纹构造、气孔构造、杏仁构造（表2-3）。

表2-3 岩浆岩构造简表

构造类型	特征	形成条件
块状构造	矿物在岩石中无定向排列，均匀分布，固结紧密	地下缓慢冷凝形成
流纹构造	岩石中不同颜色或成分的条带以及拉长的气孔相互平行定向排列	岩浆喷出地表在流动过程中迅速冷却而成
气孔构造	岩石中具有圆形、椭圆形或管状孔洞	岩浆喷出地表时由于压力骤降，挥发分气体溢出时迅速冷凝形成
杏仁构造	气孔被次生矿物填充	气孔经次生矿物填充形成

二、沉积岩的观察

沉积岩可分为碎屑岩类、黏土岩类、化学岩和生物化学岩类 3 类，其鉴定特征如表 2-4 所示。

表 2-4　沉积岩鉴定特征简表（据程弘毅等，2011）

岩类	粒径/化学成分	主要岩石种属		主要鉴定特征
碎屑岩类	>2mm		砾岩	由粒径大于 2mm 的浑圆状、半浑圆状砾石胶结而成
			角砾岩	由粒径大于 2mm 的、有棱角的砾石胶结而成
	0.5～2mm		粗粒砂岩	含 50% 以上的砂粒碎屑，粒径 0.5～2mm，肉眼很容易看清砂粒轮廓
	0.25～0.5mm		中粒砂岩	含 50% 以上的砂粒碎屑，粒径 0.25～0.5mm，肉眼可以看到砂粒轮廓
	0.05～0.25mm		细粒砂岩	含 50% 以上的砂粒碎屑，粒径 0.05～0.25mm，借助放大镜才可以看清砂粒轮廓
	0.005～0.05mm		粉砂岩	含 50% 以上的粉砂碎屑，粒径 0.005～0.05mm，放大镜也不易看到砂粒轮廓，打碎后手摸有粒感
黏土岩类	<0.005mm		泥岩	颗粒极细，手触有滑感，黏舌，容易粉碎成土状物，外观呈块状
			页岩	成分同泥岩相同，有明显的纸片状或叶片状页理（厚度小于 1mm）
化学岩和生物化学岩类		碳酸盐	石灰岩	主要由方解石组成，小刀能刻动，呈灰色、灰白色或灰黑色，加稀盐酸强烈起泡
			白云岩	主要由白云石组成，多呈灰白色、浅黄色、浅褐色，加稀盐酸微起泡或不起泡
			泥灰岩	泥质含量大于 50%，常呈浅灰色，致密块状，加稀盐酸强烈起泡并留下泥质圈
		铁质	铁矿岩	由铁的氧化物组成，多呈褐红色、褐黄色，密度大于一般岩石
		硅质	硅质岩	主要由胶状二氧化硅组成，质极细密，小刀刻划不可留下痕迹，断口多呈贝壳状
		铝质	铝土岩	主要由铝土矿组成，多呈灰色，有豆状和鲕状构造，外貌似黏土岩，但硬度、密度较大
		磷酸盐	磷块岩	含有较多的磷酸盐成分，常呈灰色或灰黄色，加钼酸铵反应呈黄色
		卤化物	岩盐	由钠、钾等盐类矿物组成，有咸味，遇水溶解，硬度小
		碳氢化合物	煤和油页岩等	主要由碳组成，常呈黑色、黑褐色，遇火可燃烧，主要有煤、泥炭、油页岩等

三、变质岩的观察

变质岩可分为糜棱岩、碎裂岩、角岩、矽卡岩、大理岩、石英岩、变粒岩、角闪岩、麻粒岩、板岩、千枚岩、云母片岩、绿片岩、片麻岩、混合岩15类（表2-5）。

表2-5 常见变质岩鉴别特征简表（据程弘毅等，2011）

岩石名称	构造	结构	矿物成分		成因	
			主要矿物	次要矿物	变质作用	原岩成分
糜棱岩	碎裂	糜棱	石英、长石、绿泥石		动力变质	各种岩石
碎裂岩		碎斑	岩屑			
角岩	块状	粒状变晶	云母、石榴子石、辉石、石英	长石、红柱石、方解石等	接触变质	泥质页岩、凝灰岩
矽卡岩			石榴子石、绿帘石、透辉石	铁、镁、钙硅酸盐	接触变质	石灰岩、白云岩
大理岩			方解石、白云石	透闪石、透辉石、橄榄石	接触变质、区域变质	石灰岩、白云岩
石英岩			石英	云母、硅线石等		砂岩、硅质岩
变粒岩			长石、石英	云母、角闪石		黏土质岩及长石砂岩
角闪岩			角闪石、斜长石	云母、绿帘石		基性岩
麻粒岩		麻粒状	斜长石、辉石	石英、石榴子石、榍石等		基性岩
板岩	板状	隐晶变晶	隐晶质、石英、黏土等		区域变质	泥质凝灰质岩石
千枚岩	千枚状	细晶变晶	石英、绿泥石、绢云母			
云母片岩	片状	鳞片变晶	云母、绿泥石、石英	长石、电气石、绿帘石		泥质岩石
绿片岩			绿泥石、阳起石、绿帘石	长石、方解石、磁铁矿		基性岩
片麻岩	片麻状	粒状、鳞片变晶	石英、长石	长石、方解石、硅线石、石榴子石、电气石		泥质及酸性岩浆岩
混合岩	条带状、块状、眼球状、肠状		石英、长石（脉体）	黑云母、角闪石（基体）		各种岩石

第二节 地层的观察

地层通常指一定时期内形成的层状堆积物或岩石。观测路线和观测露头选定后,首先要对地层进行观测。地层的观测主要包括以下内容。

一、地层产状

除沉积盆地边缘沉积地层、火山沉积等外,绝大多数地层的原始产状都是水平的。经过后期的地质运动改造,地层可能发生倾斜、起伏或直立、倒转。因此,观察并测量地层的产状对了解地层的空间分布状况、构造的形态和展布情况,以及认识其发展过程都有重要的意义。

地层产状的测量将在本章第四节中详细讲到。

二、地层厚度

测量岩层或地层厚度是野外地质调查的一项重要内容,其测量方法较多。若地层的厚度较小,可将钢卷尺或皮尺垂直地层层面直接进行测量;若地层厚度较大,可以在地形图或地质图上根据地层的产状进行测量。

三、地层接触关系

1. 整合接触关系

整合接触关系是指新老地层的产状一致,岩石性质与所含生物化石种类的演化是连续而渐变的,沉积作用的过程中未发生间断。整合接触关系表明,新、老地层是在持续不断的沉积作用下形成的。

2. 平行不整合接触关系

平行不整合接触关系是指新老地层产状基本一致,岩石性质与所含生物化石种类是不连续且突变的,沉积作用的过程中曾发生过间断。接触处有剥蚀面,且剥蚀面与上、下地层基本平行,也称为假整合接触关系。假整合接触关系表明,老地层形成以后,地层被均衡抬升并遭受剥蚀,接着地壳又均衡下降并在剥蚀面上重新接受沉积,形成新地层。在新老地层之间的剥蚀面凹入处常堆积有砾岩,称底砾岩,其砾石是下伏地层风化剥蚀的产物。

3. 角度不整合接触关系

角度不整合接触关系是指新老地层产状不一致,岩石性质与所含生物化石种类是不连续且突变的,沉积作用的过程中曾发生过间断。接触处有剥蚀面,剥蚀面上的凹入处堆积有砾岩,剥蚀面与上覆地层基本不平行。角度不整合接触关系表明,老地层形成以后曾发生过强烈的地壳运动,使老地层不均衡抬升、褶皱隆起并遭受剥蚀,形成剥蚀面;接着,地层下降并在剥蚀面上接受沉积,形成新地层。

4. 侵入接触关系

侵入接触关系,即侵入体与被侵入围岩的接触关系。它的主要特征如下。

（1）在接触带有接触热变质作用或接触交代变质作用的发生，往往产生相关的变质岩或蚀变岩。
（2）接触界线不规则。
（3）侵入体的边缘部分往往分布捕虏体。
（4）侵入体的强挤压使围岩的产状和构造形态受到一定干扰与影响。

岩浆活动与地壳运动息息相关，因此地层的侵入接触关系是地壳运动的重要证据，且表明侵入体的形成晚于围岩。

5. 沉积接触关系

沉积接触关系，即侵入体与上覆地层的接触关系。它的主要特征如下。
（1）地层直接覆盖在侵入体之上，剥蚀面与上覆地层的层理平行。
（2）在上覆地层中，特别是底部常有侵入体的矿物碎屑或砾石等风化物。
（3）上覆地层的产状及构造形态没有受到干扰与影响。
（4）切穿侵入体的断层或岩脉出现在接触面处。

侵入体的沉积接触关系表明，在岩浆侵入形成岩体之后，地壳上升，地层遭剥蚀，之后地壳下降，并在剥蚀面上接受沉积，形成新地层。侵入体时代早于其上覆地层的时代。

第三节　地质图的阅读

地质图通常是指在地形图的基础上，将各种地质体和地质现象如地层、岩体、构造等进行综合的概括，并按比例尺投影在一定载体上的图形。地质图按精度要求规定不同大小的比例尺，可分为小比例尺地质图（1∶50万及更小）、中比例尺地质图（1∶5万～1∶20万）和大比例尺地质图（大于1∶5万）。

一、基本图式

地质图由主图、图名、比例尺、图号、方位、综合地层柱状图、图例、剖面图和责任表等部分组成。通常主图居中，图名、比例尺、图号、方位等位于主图上方，综合地层柱状图位于左侧，图例位于右侧，剖面图位于主图下方，责任表位于右下角。

图例一般自上而下或自左而右按地层（上新下老或左新右老）、岩性、构造的顺序排列，花纹、颜色、地质符号、地质代号都按照国家标准绘制。

剖面图要切过图区内的主要构造，在主图内划出切割面位置，剖面图所用符号、花纹、颜色都要与主图一致。

综合地层柱状图是按照图区内所有出露地层的新老叠置关系恢复成水平状态切出的具有代表性的地层柱，在图中表示各地层单位、岩性、厚度、年代和各地层间的接触关系等时，其花纹、颜色、地质符号、地质代号都要与主图一致。

二、地质图的阅读和使用

阅读和使用地质图，首先应从阅读图名、比例尺、图例和综合地层柱状图等开始，以便了解图区的地理位置、地层特点、时代顺序、接触关系、图的类型、图幅的范围、面积、地

质体的规模等信息;然后分析图区的地形特征,包括地层时代,层序和岩石类型,岩层的产状、分布及其接触关系;再分析地质构造,包括褶皱的形态、规模、空间分布、组合和形成时代,断裂的类型、规模、空间组合、分布、形成时代、接触关系等;最后分析岩浆岩岩体的产状、原生及次生构造,以及变质岩区的构造特征等。

1. 岩层及其接触关系

依据空间形态,岩层可分为水平岩层、倾斜岩层和直立岩层。

水平岩层在地质图上的特征表现为岩层界线与地形等高线平行与重合。在沟谷处,地质界线弯曲方向指向沟谷上游;孤立山丘处,地质界线呈封闭曲线。在地层未倒转的情况下,老岩层分布在低处,新岩层分布在高处。岩层露头宽度由岩层厚度和地面坡度决定。地面坡度相同时,岩层厚度越大,其地表露头越宽;厚度越小,其地表露头越窄。岩层厚度相同时,地形越缓,其地表露头宽;地形越陡,其地表露头窄。陡崖处,岩层顶底界线重合,岩层表现为尖灭。

倾斜岩层在地质图上则表现为岩层界线与地形等高线呈交截关系,并符合"V"字形法则:当岩层倾向与地形坡向相反时,岩层界线的弯曲方向与等高线弯曲方向相同;当岩层倾向与地形坡向相同,且岩层倾角大于地面坡度时,岩层界线的弯曲方向与等高线的弯曲方向相反;当岩层倾向与地形坡向相同,且岩层倾角小于坡度时,岩层界线的弯曲方向与等高线的弯曲方向相同。上述情况可以概括为一句口诀:相反相同,同大相反,同小亦同。

直立岩层界线呈直线延展,不受地形影响,沿延伸方向即为岩层走向。

根据地质图上出露的地层时代和地层层序,若两个不同时代的地层之间缺失了一部分地层,且上、下地层产状一致,地层界线基本平行,则为平行不整合接触关系;若两地层产状不一致,较新地层底面界线截过不同时代较老地层界线,则为角度不整合接触关系。

2. 褶皱

褶皱是一种常见的地质构造,在地质图上判读褶皱,首先要从地层分布是否有对称重复入手,结合地层新老关系和地层产状来区分褶皱及其类型,再结合两翼地层产状、轴面与枢纽产状进一步分析褶皱的平面形态、剖面形态和组合特征。

1) 判断轴面产状

在地质图上,可以根据褶皱两翼产状大致判断轴面产状。如果褶皱两翼倾向相反、倾角基本相同,则轴面可判断为直立;如果两翼倾向相同、倾角基本相同,则轴面产状与两翼产状也基本一致;两翼产状不等或一翼倒转,其轴面产状大致与倾角较小的一翼相似;除了平卧褶皱和等斜褶皱外,轴面的倾角一般介于两翼倾角之间。

2) 判断枢纽产状

当褶皱轴面近于直立时,在地形较为平坦、两翼倾角变化不大的情况下,褶皱两翼的地层界线基本上呈平行延伸,可认为该褶皱枢纽水平;如两翼同岩层走向不平行,呈"V"字形相交或呈弧形转折,则该褶皱枢纽倾伏。如果褶皱为背斜,"V"字形尖端或弧形的凸侧方向指向背斜的倾伏方向;向斜则相反。或者说,沿任一褶曲轴,岩层越来越新的方向即为褶曲的倾伏方向。

3. 断层

断层在地质图上所呈现出的线状就是断层面在地面的出露线。

断层两盘发生相对位移、升降并经侵蚀夷平后，若两盘处于同一平面上，露头和地质图上则表现出一定的规律，可以用来判断断层的性质和两盘的相对位移。如断层为走向断层或纵断层，老地层一盘为相对上升盘。但当断层倾向与地层倾向一致，且断层倾角小于地层倾角或者地层倒转时，新地层所在一盘为相对上升盘。当横断层切过褶皱时，背斜核部变宽或向斜核部变窄的一盘为上升盘；平移断层的两盘核部宽窄基本相同。当横断层切过倾斜岩层或斜歪褶皱时，地质界线或褶皱轴迹发生错动，如果是由正断层或逆断层造成的，则地层界线向该地层倾斜方向移动的一盘为相对上升盘；如果是褶皱，则向轴面倾斜方向移动的一盘为相对上升盘。根据断层的位移情况，结合其产状就可以确定断层的性质。

根据断层切割地层的情况可判断断层发生的时代，断层一般发生在被错断的最新地层之后，未被错断的最老地层之前（程弘毅等，2011）。

第四节 岩层产状的测量

一、介绍地质罗盘仪

地质罗盘仪是一种常用的野外实习工具，具有方位测量、产状测量等多种功能。这里以哈尔滨光学仪器厂生产的DQY-1型地质罗盘仪为例，简单介绍岩层产状测量的方法，其主要部件如下。

磁针：带磁性钢针，两头尖，指向"N"（北）的针尖通常涂成白色，指向"S"（南）的针尖通常涂成黑色。黑色部分通常有铜丝缠绕，这是为了调节重心位置，使磁针保持水平。当测量方位、倾向、走向时，北针所指外圈刻度盘的读数即为测量结果。

刻度盘：分为内圈刻度盘和外圈刻度盘。内圈刻度盘用于倾角读数，刻度区间为0°~90°；外圈刻度盘用于方位、走向、倾向读数，刻度区间为0°~360°。

觇标：用来指向待测方位，罗盘北针所指外圈刻度盘读数即为觇标所指方位。

测斜指针：位于罗盘底盘，用于测量倾角，当指针垂直向下时所指的内圈刻度盘读数即为倾角。

水准器：有圆形水准器和管形水准器2种。圆形水准器在测量方位、走向、倾向时使用，其功能在于使罗盘盘面保持水平；管形水准器在测量倾角时使用，其功能在于使测斜指针垂直地表。

二、产状的测量

1. 产状的要素

岩层产状包括走向、倾向和倾角3个要素。

走向：岩层层面与任一假象水平面的交线成走向线。走向线两端的延伸方向称为走向，因此岩层的走向有两个方向，彼此相差180°。可以粗略地将岩层走向理解为岩层在地表的延伸方向。

倾向：岩层层面上与走向线垂直并沿斜面向下的直线叫作倾斜线，表示岩层的最大坡度。倾斜线在水平面上投影所指示的方向称岩层的倾向，倾向表示岩层的倾斜方向。

倾角：岩层层面与水平面的夹角称为倾角，代表岩层的倾斜角度。

因为走向和倾向有固定的关系，确定了倾向即可确定走向，故岩层产状可只用倾向和倾角表示。

2．产状的测量（图 2-1）

1）走向的测量

走向测量的步骤如下：

（1）确定待测岩层的层面。

（2）打开罗盘，将罗盘的侧边（即与觇标平行的一边）紧贴在岩层的层面上。

（3）通过圆形气泡水准仪调整罗盘盘面，使罗盘水平放平，调整过程中应注意罗盘侧边必须紧贴在岩层的层面上；待磁针静止后，读北针和南针所指外圈刻度盘的读数（相差180°）即为岩层走向。

图 2-1　产状测量

2）倾向的测量

倾向测量的步骤如下：

（1）确定待测岩层的层面。

（2）打开罗盘，将罗盘底盘连接合页下面的底边（即与觇标垂直的边）紧贴在岩层的层面上。

（3）通过圆形气泡水准仪调整罗盘盘面，使它水平放平，调整过程中应注意上述底边必须紧贴在岩层的层面上；待磁针静止后，读北针所指外圈刻度盘的读数，即为岩层倾向。

3）倾角的测量

倾角测量的步骤如下：打开罗盘，使其侧面垂直于走向线紧贴岩层层面，调整测斜指针，直至管状气泡水准仪保持水平，此时测斜指针所指内圈刻度盘读数即为岩层倾角。

第三章　实习路线

地质实习路线共 8 条，主要内容涵盖了火成岩、沉积岩、变质岩、地层、构造等方面，实习区涵盖了咸安区、通山县、赤壁市、崇阳县、大冶市等地。

第一节　火成岩实习

实习路线一

金家田保护站—金鸡谷玉龙投峡瀑布—闯王陵

实习任务：
(1) 对比侵入体过渡相与边缘相的结构、构造异同，并推测其原因。
(2) 花岗岩中石英、长石岩脉的观察与描述。
(3) 岩层接触关系判断。
(4) 学会拍摄地质图片，作简单的素描图。

No.1　玉龙投峡瀑布

点位：金鸡谷玉龙投峡瀑布（N29°22′13″，E114°34′12″）。
点义：九宫山侵入体内部相观察与描述，岩脉观察与描述。
注意事项：实习点位于九宫山国家级自然保护区金家田保护站内，在金鸡谷玉龙投峡瀑布之上，海拔约 530m，周围植被茂密，从实习站可沿石板路步行抵达。实习点位于金鸡谷底部，地形陡峭，多有瀑布陡崖，需注意安全。

实习点概述：
(1) 此处为九宫山岩基核心地带，侵入岩为过渡相中粗粒含黑云母花岗岩；主要矿物成分包括石英、斜长石、黑云母、角闪石等；斑状结构，斑晶颗粒粗大；暗色矿物定向排列使岩石具有片麻状构造。
(2) 侵入岩中各种节理较为发育，并形成不同的脉岩（图 3-1）。

实习要求：
(1) 观察并辨别侵入岩体中的主要矿物成分、结构和构造等岩性特征，并由此推导出岩石的类型和产状。
(2) 用直尺对矿物粒径的大小进行简单的测量和记录，并拍照保存。
(3) 用直尺和地质罗盘仪测量并记录节理的宽度、产状，根据其力学性质对节理进行分类描述。
(4) 注意岩性、构造和沟谷地貌之间形成的关系。

图 3-1　侵入岩中的岩脉及切断岩脉的剪切型断裂（拍摄　陈锐凯）

No.2　金鸡谷门票站至闯王陵公路边约 1.5km 处

点位：N29°22′51″，E114°33′49″。

点义：九宫山侵入体边缘相观察与描述。

实习点概述：

（1）此处为九宫山侵入体边缘地带，侵入岩为边缘相细粒含黑云母花岗岩，主要矿物成分包括石英、斜长石、黑云母、角闪石等；等粒结构；块状构造。

（2）剖面自下而上分为 4 层，最下为侵入岩，其上为石英岩脉，再上为接触变质的围岩，最上部分为第四系含巨砾坡积物（图 3-2）。

实习要求：

（1）观察并辨别侵入岩体中的主要矿物成分、结构和构造等岩性特征，并由此推导出岩石的类型和产状。

图 3-2　侵入岩—岩脉—变质岩—第四纪沉积物分界线（从左下至右上）

（拍摄　陈锐凯）

（2）用直尺对矿物粒径的大小进行简单的测量和记录，并拍照保存。

（3）与金鸡谷实习点的侵入岩进行对比，辨别其异同，并推测成因。

（4）判别岩层接触关系，并推测不同岩层的相对年代和形成过程。

实习路线二

湖北科技学院—通山县石宕中桥—大冶小雷山风景名胜区—湖北科技学院

实习任务：

（1）认识喷出岩，描述其岩性特征。

（2）认识凝灰岩，描述其岩性特征。

No.1　通山县石宕中桥以西 500m 公路北侧

点位：通山县石宕中桥以西 500m 公路北侧（N29°38′00″，E114°28′22″）。

点义：新生代喷出岩观察和描述。

实习点概述：此处可见玄武岩夹杂在红层中出现，玄武岩为紫红色—褐色，有明显的气孔构造及杏仁构造（图3-3）。

(a)　　　　　　　　　　　　　　(b)

图3-3　喷出岩气孔构造（a）和杏仁构造（b）（拍摄　陈锐凯）

实习要求：

（1）用放大镜观察岩石，并描述玄武岩的颜色、结构、构造。

（2）用直尺简单测量气孔的大小并记录。

（3）观察测试气孔填充物的颜色、硬度、光泽、透明度等物理性质，并滴加稀盐酸，推断其矿物成分。

（4）观察并分析玄武岩与红层的接触关系，并推测其形成过程。

No.2　大冶小雷山风景名胜区

点位：大冶小雷山风景名胜区。

点义：凝灰岩观察和描述。

实习点概述：小雷山风景区海拔200多米，山体主要出露上白垩统火山岩组紫灰色凝灰角砾岩，凝灰角砾结构，砾径2～10mm（图3-4）。

图3-4　小雷山凝灰岩（拍摄　陈锐凯）

实习要求：

（1）用放大镜观察和辨别岩石中的主要矿物成分、结构和构造，推测岩石的成因。

(2) 对比小雷山不同海拔处岩石的异同，并分析原因。
(3) 分析凝灰岩与喷出岩、沉积碎屑岩的异同，并推测原因。

第二节 地层实习

实习路线三

湖北科技学院—岭背李巷靶场—咸宁市刘家桥—通山白泉—通山界水岭—湖北科技学院

实习任务：
(1) 观察并描述前寒武系—上古生界。
(2) 根据不同时代地层的岩性，结合地史资料推测沉积环境的变化。

No.1 岭背李巷靶场

点位： 温泉中学以南 500m 岭背李巷靶场（N29°49′02″，E114°20′11″）。
点义： 志留系观察与描述，三叶虫化石观察。
实习点概述： 实习区内志留系厚度大，岩性复杂，以碎屑岩类为主；此处出露志留系坟头组（灰绿色、黄绿色，泥质-细粒砂质结构，薄层—中层状构造），并能挖掘到王冠虫化石（图3-5）。

(a)　　　　　　　　　(b)

图3-5　志留系碎屑岩（a）；王冠虫尾部化石（b）（拍摄　陈锐凯）

实习要求：
(1) 用放大镜观察对比砂岩、粉砂岩、泥质岩的异同，学会简单的辨别方法。
(2) 用地质罗盘仪测量岩层产状，掌握岩层产状的测量方法。
(3) 观察志留系碎屑岩剖面不同深度的颜色变化，探讨其原因。
(4) 挖掘王冠虫化石，描述其特征。

No.2 咸宁市刘家桥

点位： 咸宁市刘家桥西侧（N29°42′08″，E114°20′00″）。

点义：奥陶系观察与描述。

注意事项：实习点位于咸安区刘家桥镇,是旅游景点。实习时应注意遵守纪律,听从教师安排。附近多有农家田园菜地,实习时需注意安全,不破坏农作物。

实习点概述：

(1) 奥陶系大湾组位于刘家桥,岩性为紫红色中厚层状泥质瘤状灰岩夹龟裂纹灰岩;

(2) 奥陶系宝塔组灰岩,岩性下部为龟裂灰岩,含铁质结核,上部为瘤状生物泥质灰岩,盛产头足类及三叶虫化石(图3-6)。

(a) (b)

图3-6 奥陶纪红色砂泥质沉积岩(a)和震旦角石化石(b)(拍摄 陈锐凯)

实习要求：

(1) 观察和描述大湾组岩层的颜色,并用小刀刻划。

(2) 用放大镜观察,并推测其矿物成分和结构、胶结方式。

(3) 滴加稀盐酸,观察其反应,并推测其方解石含量。

(4) 寻找三叶虫和震旦角石化石,并注意震旦角石的时代。

No.3 通山白泉

点位：通山县刘家桥东南约2.3km公路边(N29°40′53″,E114°24′35″)。

点义：寒武系娄山关群观察与描述。

注意事项：实习点位于公路边,地层剖面坡度陡,风化程度较高,需注意交通安全和地质灾害。

实习点概述：寒武系娄山关群下部灰、浅灰色厚—巨厚层细粒白云岩,风化后呈糖粒状,其表面呈刀砍状明显;上部灰、浅灰色厚—巨厚层微粒灰岩夹中厚层细粒白云岩、白云质灰岩。此处娄山关群风化程度较高,山体破碎,易发生地质灾害(图3-7)。

实习要求：

(1) 注意观察白云岩表面与石灰岩表面的区别,并滴加稀盐酸验证。

(2) 观察并描述岩石的风化情况。

图 3-7　娄山关群白云岩（拍摄　陈锐凯）

No.4　通山界水岭

点位：距通山县界水岭驿站东南 1.7km 的公路边（N29°40′00″，E114°25′26″）。

点义：寒武系—元古宇观察。

注意事项：实习点位于咸安区与通山县交界处界水岭—通山县山口镇一带、S209 省道边，车多弯急，实习需注意交通安全。

实习点概述：此处出露元古宇板溪群梅坑组、震旦系南沱组、寒武系东坑组。梅坑组主要由板岩、千枚岩、砾岩、砂岩、粉砂岩等组成，岩性复杂厚度大；南沱组主要为砂岩；东坑组主要由黑色、灰黑色中—薄层状含碳灰岩及页岩组成。

实习要求：

（1）沿线观察并记录岩性的变化。

（2）观察岩石中的变质现象及原岩的岩性。

（3）了解通山背斜的整体特征。

实习路线四

湖北科技学院—太乙洞—星星竹海—湖北科技学院

实习任务：

（1）观察和对比实习区上石炭统—三叠系的变化。

（2）分析地表、地下岩溶地貌的成因和规律。

No.1　太乙洞

点位：太乙洞风景区（N29°46′57″，E114°18′15″）。

点义：石炭系黄龙组溶洞。

注意事项：实习点位于咸宁市太乙洞风景区，主洞长度约 600m，多有支洞相连。因为实习需要，会前往一些尚未开放的支洞。实习时应紧跟带队教师，尽量避免与游客及导游混杂，影响授课效果；在尚未开放的支洞行走时，应注意紧跟带队教师，避免在洞穴中走散。建议师生可以自带照明设备，以备不时之需。由于洞穴景观的特殊性，实习时要注意环境保护，不随意刻画，不要用地质锤敲岩石。

实习点概述：太乙洞是一水平方向发育的溶洞，长度约600m。洞穴内部各种溶蚀作用和洞穴堆积作用均明显可见。洞穴发育在季节变动带和水平流动带内，可清楚地观察到垂直溶蚀和水平溶蚀现象，并可观察到石钟乳、石笋、石柱、石帘、石幔、边池坝等洞穴堆积物，还有地下河机械沉积作用。

实习要求：
(1) 观察和描述洞穴内各种岩溶地貌的特征，推测其成因。
(2) 注意洞穴发育和流水作用之间的关系，并整理出其关联规律。
(3) 观察和分析岩溶洞穴侵蚀地貌、机械沉积地貌和化学沉积地貌。

No.2　星星竹海奇石林

点位：咸宁市星星竹海石林风景区（N29°41′44″，E114°14′04″）。

点义：地表岩溶地貌观察、二叠系厚层灰岩观察。

实习点概述：此处出露晚二叠世厚层灰岩，发育地表岩溶地貌，在流水的溶蚀作用下形成相对高差在5m以内的石芽和溶沟，流水溶蚀痕迹十分明显（图3-8）。植被生长良好，化学风化作用和生物风化作用并存，石树共生，随处可见根劈作用。由于物理风化作用弱，风化壳很不发育，土壤覆盖不完整。

实习要求：
(1) 观察和记录各种地表岩溶地貌发育情况，分析地表岩溶地貌发育和地表水运动之间的关联。
(2) 观察并记录地表土壤发育状况，并推测其成因。
(3) 观察并记录生物风化对地表岩溶发育的作用。
(4) 用稀盐酸推测岩石成分。

No.3　星星竹海落水洞

点位：星星竹海落水洞内（N29°41′47″，E114°14′25″）。

点义：岩溶落水洞观察和测量。

注意事项：落水洞（图3-9）位于山顶，四周地形陡峭，洞口直径约2m，深约30m，实习时应注意防止坠落。

图3-8　碳酸盐岩的溶蚀（拍摄　陈锐凯）

图3-9　星星竹海落水洞（拍摄　陈锐凯）

实习点概述：实习点位于星星竹海景区内，花纹-鸣水泉倾伏向斜北翼。

实习要求：

（1）落水洞直径和深度的观察。

（2）落水洞成因推测。

（3）碳酸盐岩中的海洋生物化石观察。

实习路线五

湖北科技学院—咸宁东站—通山县大畈镇—湖北科技学院

实习任务：

（1）观察并描述新生界。

（2）分析新生代沉积环境的变化。

No.1 咸宁东站

点位：咸宁东站东南广场（N29°52′04″，E114°20′28″）。

点义：白垩纪—第三纪角砾岩观察描述。

实习点概述：此处出露地层为白垩纪—第三纪角砾岩（图3-10）。砾石成分以灰岩为主，砾径可达20cm以上，磨圆程度中等，杂乱堆积无分选，钙质胶结。

图3-10 咸宁东站的角砾岩（拍摄 陈锐凯）

实习要求：

（1）观察并描述砾岩的特征，推测其形成环境。

（2）用直尺对岩石的砾径进行简单的测量，并记录。

（3）用稀盐酸验证砾石和胶结物的成分。

No.2 通山县大畈镇

点位：通山县县城—大畈镇公路边（N29°37′53″，E114°27′30″）。

点义：白垩纪—第三纪红层观察描述。

注意事项：此处位于通山县县城—大畈镇公路边，实习时需注意往来车辆和交通安全。

实习点概述：此处出露白垩纪—第三纪红色钙质砂岩、粉砂岩，夹砾岩或与玄武岩夹层（图3-11）。

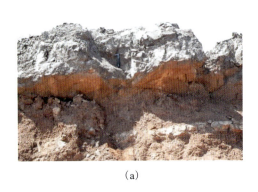
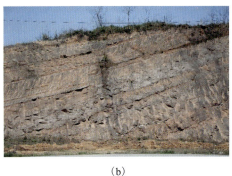

(a)　　　　　　　　　　　　　　　　　(b)

图 3-11　夹有喷出岩的红层（a）和红层（b）（拍摄　陈锐凯）

实习要求：观察红层的碎屑成分、结构和构造，推测其成因。

No.3　通山县石宕中桥

点位：距通山县大畈镇石宕中桥以西 500m 的公路北侧（N29°38′00″，E114°28′22″）。

点义：岩层接触关系判别。

实习点概述：此处因修建工厂施工，可见一岩层剖面，高约 3.5m（图 3-12）。剖面岩层南边为喷出岩，具气孔构造；北边为沉积岩，具明显层理构造且发生明显褶皱弯曲。接触带倾角约 80°，宽约 2.2m，岩层较为破碎。

实习要求：根据所学知识，判断此处岩层的接触关系（侵入接触、沉积接触、断层接触）。

图 3-12　岩层剖面

No.4　隐水洞

点位：隐水洞出口处（N29°38′43″，E114°35′50″）。

点义：方解石晶体观察，断层角砾岩观察。

实习点概述：此处可见一宽大方解石石脉，宽约 5m，高约 7m，方解石颗粒粗大，呈菱形四面体状。还可见 1 处断层角砾岩，角砾成分以碳酸盐岩为主（图 3-13）。

实习要求：

（1）观察方解石脉，并用小刀、盐酸测定其物理化学性质，总结方解石与石英的鉴别特征有何区别。

（2）观察断层角砾岩，分析其角砾成分和填充物成分、角砾形状等，对比断层角砾与分布在咸安、通山等地区的白垩纪—第三纪角砾岩。

第三节 变质岩实习

实习路线六

九宫山云中湖—铜鼓包—九宫山云中湖

No.1 铜鼓包拨云亭

图 3-13 断层角砾岩

点位：铜鼓包拨云亭（N29°23′40″，E114°39′13″）。

点义：元古宇板溪群变质岩观察与描述，侵入接触关系观察与描述。

注意事项：此处为九宫山景点铜鼓包，为九宫山脉第二高峰，海拔1500多米；拨云亭地势陡峭，周边断崖直立，实习时需注意存在坠落的潜在风险。

实习点概述：此处出露实习区内最古老的岩层——元古宙变质岩，岩性主要为板溪群伊山组黑云母石英片岩。下与侏罗纪侵入体呈侵入接触关系。

实习要求：观察并描述变质岩中的主要变质矿物，以及变质岩的结构和构造。

No.2 铜鼓包—金家田保护站路边

点位：铜鼓包—金家田保护站路边（N29°23′19″，E114°38′44″）。

点义：元古宇板溪群变质岩观察与描述，侵入接触关系观察与描述。

实习点概述：此处为元古宇板溪群变质岩与侏罗纪侵入体的侵入接触面。上覆地层为板溪群黑云母石英片岩，下伏地层为细晶花岗岩侵入体（图3-14）。

(a)

(b)

图 3-14 侵入岩—变质岩分界线（a）和变质岩（b）（拍摄 陈锐凯）

实习要求：

（1）观察并描述变质岩的矿物成分、结构和构造。

（2）观察并描述侵入体的矿物成分、结构和构造。
（3）观察并描述侵入接触面，并拍照或作素描图。

实习路线七

九宫山云中湖—天门—九宫山云中湖

点位：九宫山风景区—江西修水公路上刘段路边（N29°23′30″，E114°40′26″）。

点义：侵入接触关系观察与描述。

注意事项：此处位于九宫山风景区—江西修水公路上刘段路边，地形较陡峭，山体开挖有崩塌危险，需注意落石，并小心坠落。

实习点概述：此处为元古宇板溪群变质岩与侏罗纪侵入体的侵入接触面。以长石矿物为主的岩脉穿插侵入于板溪群变质岩内（图 3-15）。

图 3-15　岩脉（拍摄　陈锐凯）

实习要求：
（1）观察并描述岩脉与板溪群的接触关系。
（2）观察并描述岩脉的成分、宽度、产状、规模等特征。

第四节　构造实习

实习路线八

湖北科技学院—赤壁市中伙铺—赤壁市雪峰山—崇阳县青山水库—崇阳县白霓镇—湖北科技学院

No.1　赤壁中伙铺

点位：赤壁中伙铺（N29°46′01″，E114°01′09″）。

点义：小型褶皱观察和描述。

实习点概述：此处可见 1 处小型倾斜褶皱，岩层由较为坚硬的黑色燧石和浅色粉砂岩互层组成，可以见到明显的差异风化。褶皱顶部可见生物风化现象，有不完整的红色风化壳发育（图 3-16）。

实习要求：

（1）观察并描述褶皱形态、规模，并依比例尺作素描图表示。

（2）观察和分析岩层中的差异风化现象。

（3）观察并描述生物风化的特点。

（4）观察并推测风化壳中红土的成因。

No.2 雪峰山

点位： 雪峰山公路旁（N29°38′52″，E113°55′28″）。

点义： 断层面观察。

图 3-16 褶皱（拍摄 陈锐凯）

注意事项： 此处位于崇阳—赤壁公路边，车辆来往较多，实习时需穿过公路，师生应注意安全。

实习点概述： 此处可见一断层面，断层面上有明显的擦痕、阶步等标识；断面附近可见一宽达数十米的断层破碎带，岩石破碎清晰可见；断层面公路对面可见一单斜山和断层崖（图3-17）。

(a)

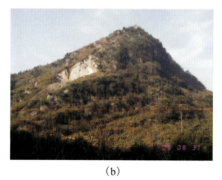
(b)

图 3-17 断层面（a）和单斜山（b）（拍摄 陈锐凯）

实习要求：

（1）观察并描述段层面上的标志，并根据阶步判断断盘移动方向。

（2）观察并描述断层破碎带。

（3）观察单斜山和断层崖。

No.3 崇阳县青山水库

点位： 略。

点义： 结合地质图实地观察背斜构造；风化作用观察与分析。

实习点概述： 青山水库大坝位于崇阳盆地南面，盆地和幕阜山系交界处。大坝所在地为一背斜北翼。背斜核部由志留系碎屑岩组成，侵蚀成较低矮圆缓的山丘，两翼由二叠系灰岩组成，海拔较高地势较陡。大坝东侧南北两座山峰分别由石灰岩和陆源碎屑岩组成。由于不同的风化作用，使得两峰在地形地势、土壤、植被、景观等方面表现出较明显的差异（图 3-18）。

图 3-18 青山镇（拍摄 陈锐凯）

实习要求：
（1）结合地质图观察此处的背斜构造，作素描图描述背斜核部被侵蚀的部分。
（2）观察对比两座岩性不同山峰的风化作用，并判断其原因。

No.4 崇阳县白霓镇

点位： 崇阳县白霓镇高堤河东岸（N29°37′38″，E114°12′08″）。
点义： 断层远处观察。
注意事项： 实习点位于崇阳县白霓镇高堤河东岸，抵达实习点需走过一段浮桥，应注意安全，避免人员落水。
实习点概述： 远处可见断层崖，近处为一河流弯道，可见到凹岸侵蚀和凸岸堆积作用（图 3-19）。

(a) (b)

图 3-19 断层（a）和河流弯道的地貌特征（b）（拍摄 陈锐凯）

实习要求：

（1）观察远处的断层崖，并拍照或作素描图。

（2）观察断层崖所在山峰植被在垂直方向的突变，并试着从构造地质学的角度出发推测其形成原因。

（3）观察并描述河流弯道的侵蚀和堆积作用。

地貌学实习篇

第四章　实习区地貌概况

第一节　基本概念

一、地势、地形与地貌

地势：地表高低起伏或形态险峻的态势，包括地表形态的绝对高度和相对高差或坡度的陡缓程度。不同地势往往由不同条件下内、外动力组合作用形成。比如总体较高、总体较低，或者东高西低、北高南低等。以我国为例就是西高东低，大致呈3级阶梯；亚洲则是中间高，四周低。

地形：地表外貌各种形态的总称，侧重于描述地表的几何形态，强调的是地表形态的总体特征。通常按地表的高低起伏、开阔闭塞、形态组合来分类或命名。如山地（鞍部是山地地形的局部名称）、丘陵、高原、平原、盆地、谷地等。

地形倒置（倒置地形）：地表起伏与地质构造起伏相反的现象，也称逆地形，常见的有背斜成谷、向斜成山。在褶皱构造运动中形成的背斜，其顶部由于受张力作用裂隙发育，或出露了软弱岩层，经长期侵蚀逐渐变低而成为谷地；相反，向斜的底部岩石相对较硬，抗侵蚀力强，最后会高于背斜的轴部而成为向斜山。地形倒置是软、硬地层相间的褶皱构造地区常见的构造地貌现象。

地貌：地表外貌各种能揭示其成因特征形态的总称，是内动力物质作用和外动力地质作用对地壳进行改造形成的产物，侧重于地表形态的成因特征，强调的是地表形态形成的主导因素。一般按其主导成因来分类或命名，通常都能显示它特有的地表特征、演变规律及成因。

地形与地貌在日常用语中常常被混用，都代表地表外貌。常见的地理学词典上也认为二者可以互为代替。但是，实际使用时有一个习惯，说平原、山地就是从地形的角度来讲的，说冲积平原、三角洲、断块山就是从地貌的角度来讲的。

因此，我们可以认为地貌是在地形的基础上再进一步的深入研究，揭示出地表形态的差异原因或成因。总而言之，地貌学是研究地形成因、分布及其发育规律的科学。

二、地貌形态的文字表述

地貌形态的文字表述是根据地形形体要素和地貌形态要素来表达的。

地形形体要素由点、线、面构成。

地貌点：地貌面或线的交点，比如山顶点。

地貌线：两自然地貌面所成二面角的交线，可以分为坡度变换线和坡面变换线两种，包括山脊线、山麓线、谷底线等。坡度变换线是垂直（上下）方向的地貌面形成的交线，坡面

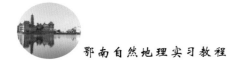

变换线是水平（左右）方向的地貌面形成的交线。地貌线的表现形式可以有直线、曲线和折线，但事实上，大多数地貌线由于受自然侵蚀转而成为圆棱面。

地貌面：亦可以称为地形面或坡面，由坡面高度、倾斜度、坡长、倾斜方向、延伸方向及水平投影面积形状构成。地貌面的构成参数也可以称作特征参数，可以确定地貌面的空间特征。自然地貌面可以分为平面、斜面和垂直面，以两地貌面之间所成二面角夹角2°和55°为界限。0°～2°为平面，2°～55°为斜面，55°～90°为垂直面。

地貌形态要素主要包括其成因、组成和年龄，还有平面形态、垂直剖面形态以及纵剖面形态。

平面形态：地貌形态在平面坐标系上投影的形状，常以直径、扁率、长轴长度、短轴长度、面积、弯曲系数等参数表示。其中弯曲系数为 $\delta = L'/L$（L' 为曲线长度，L 为直线长度）。

垂直剖面形态：又称横剖面形态，包括坡形、坡面长、坡度等。

纵剖面形态：起伏特征、大小等。

在测绘领域中，地貌形态的描述主要是通过数字参数来表达的，包括高度、坡度、切割密度、切割深度等指标。

高度：用以表现地貌起伏程度，分为绝对高度和相对高度。

坡度：用以表现坡面的倾斜程度。在实际情况下，由于地表是一个曲面，任一点的坡度都是不同的，所以坡度指平均值。

切割密度：区域内谷地长度与面积的比 $\sigma = L/A$（L 为区域内谷地长度或数量，A 为区域面积）。

切割深度：区域内最高点和最低点的高差，表述为 $D = E_{高} - E_{低}$（$E_{高}$ 为区域最高点的海拔，$E_{低}$ 为区域最低点的海拔）。

在地图上，地貌的形态主要表现为等高线。例如等高线越密集，坡度越陡；等高线越稀疏，坡度越缓。

三、5种基本地形

按高程和起伏特征，陆地地形可分为山地、丘陵、高原、平原和盆地5种基本地形。

1. 山地

山地一般指海拔500m以上、相对高差200m以上，众多山岭、山谷分布地域的总称。其基本特征是地表被切割成许多山岭和山谷、坡陡谷深、岭谷相间、高低起伏、连绵交错。

山由山顶（山脊）、山坡和山麓3部分组成，即山体，平均海拔在500m以上。山顶是山的最高部分，形状有平顶、圆顶或尖顶；山麓是山的最下部，一般与平原或谷地相连接，两者之间通常有明显的转折；山顶和山麓之间的斜坡就是山坡，形状有直形、凹形、凸形和阶梯状等。按山的海拔，山地可分为高山、中山和低山。海拔在3500m以上的称为高山，海拔1000～3500m的称为中山，海拔500～1000m的称为低山。按山的成因又可分为褶皱山、断层山（断块山）、褶皱-断层山、火山、侵蚀山等。

山岭是指连绵的高山或呈线状延伸的单个山体。

山脉通常是由一次造山运动形成、若干条山岭和山谷呈线状延伸的山体集合，因像脉状而称之为山脉。构成山脉主体的山岭称为主脉，从主脉延伸出去的山岭称为支脉。

山系通常是经由一次以上造山运动形成的几个相邻的山脉组成山系。

山地是一个众多山所在的地域，有别于单一的山或山脉，它们以较小的峰顶面积区别于高原，又以较大的海拔和相对高度区别于丘陵。高原的总高度有时比山地高，有时低，但高原的相对高度较小，这是山地和高原的区分。高原上也可能会有山地，比如青藏高原。

2. 丘陵

丘陵是指海拔在500m以内、相对高度不超过200m，起伏和缓、高低不平、连绵不断、低矮浑圆的小山丘分布地区的总称。

丘陵坡度一般较缓，切割破碎，无一定方向，一般没有明显的脉络，顶部浑圆，通常是山地久经侵蚀的产物。

丘陵在陆地上的分布很广，一般分布在山地或高原与平原的过渡地带。

不同的地域，丘陵对于相对高度的标准也不一样。在比较平坦的地方相对高度达50m就可能被称为丘陵，而在山地附近相对高度达到200m以上才会被称为丘陵。

一般地，按相对高度分为高丘陵（200m以上）、低丘陵（200m以下），按坡面陡峻程度分为陡丘陵（大于25°以上）、缓丘陵（小于25°）。

在低矮平缓的丘陵中，高于周围而凸出的土坡称为岗地。岗地海拔一般低于100m，相对高度10~60m，地面坡度5°~15°。现代地貌发育过程以流水面状冲刷作用和沟蚀作用为主。岗顶平齐，岗体多呈馒头状，和缓起伏，微向平原倾斜。岗地在地形地貌上介于丘陵和平原之间；外接平原，内接丘陵，逐渐过渡。

3. 高原

高原通常是指海拔在600m以上，面积广大，地形开阔，周边以明显的陡坡为界，地表较为平坦或为略有起伏的大面积隆起地区，是在长期连续大面积的地壳抬升运动中形成的。有的高原表面宽广平坦，地势起伏不大，如蒙古高原；有的高原则是山峦起伏，地势变化很大，如青藏高原；有的高原为厚层黄土所覆盖，表面沟壑纵横，如黄土高原。

4. 平原

平原一般是指海拔在500m以下、宽阔又平坦的地区。其主要特点是地势低平，起伏和缓，相对高度一般不超过50m，坡度在5°以下。它以较低的高度区别于高原，以较小的起伏区别于丘陵。海拔0~200m的为低平原，200~500m的为高平原。平原是地壳在长期稳定、升降运动极其缓慢的情况下，经外力剥蚀夷平作用和堆积作用形成的，如江汉平原。

5. 盆地

四周高（山地或高原）、中部低（平原或丘陵）的盆状地形称为盆地。从总体上看，根据地球海陆环境，盆地可分为大陆盆地和海洋盆地两大类型，大陆盆地简称为陆盆，海洋盆地简称为海盆或洋盆。按不同成因，大陆盆地可划分为两种类型：一种是地壳构造运动形成的盆地，称为构造盆地，如我国的吐鲁番盆地、江汉盆地；另一种是由冰川、流水、风和岩溶侵蚀形成的盆地，称为侵蚀盆地，如我国云南西双版纳的景洪盆地，主要由澜沧江及其支流侵蚀扩展而成。

盆地多分布在多山的地表上，在丘陵、山地、高原处都有相应不同构造的盆地。盆地内

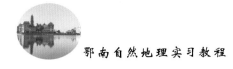

部相对盆地外部地形平缓，多平原和丘陵。

盆地主要是由于地壳运动形成的。在地壳运动作用下，地下的岩层受到挤压或拉伸，变得弯曲或产生了断裂就会使有些部分的岩石隆起，有些部分下降，如下降的那部分被隆起的那些部分包围，盆地的雏形就形成了。

另外，在一些地下有石灰岩发育的地区，常年流动的地下水会使那里的岩石溶解，引发地表岩石塌陷，也会形成盆地，地质学家们把这类成因的盆地称为岩溶盆地。我国西南云贵高原和广西等地就有很多这种类型的盆地。

第二节 区域地貌总体特征

本区地势总体特征是以波浪式阶梯状从南向北依次降低，即中山区、盆地丘陵倒置地形区、低山区、丘陵岗地区、冲积性泛滥平原区。

一、幕阜山复背斜穹隆构造断块中山区

本区近东西向展布，横亘于鄂湘赣边境，由古元古代至早古生代碳酸盐岩、千枚岩和燕山期花岗岩构成，为地槽型复背斜穹隆构造断块中山陡坡地形，北接通山复向斜南翼，地属沿高湖至留咀桥一线以南。山脊陡窄，海拔多在900～1700m之间，海拔1000m以上的山峰达30余座左右，最高峰老鸦尖1656m，次为九宫山1543m和黄龙山1511m，也有许多垭口或鞍部低于500m。相对高度500～800m，水系呈树枝状，切割强烈，河谷呈"V"形，急流瀑布众多。

二、通山复式向斜盆地丘陵倒置地形区

本区位于幕阜山与大幕山之间，高湖—留咀桥一线以北，北接大幕山复背斜南翼。通山复式向斜由潘山向斜、梅港倒转背斜、通山倒转向斜组成，它们从南到北依次排列，与褶皱构造线一致，呈近东西向延展百余千米，山峰海拔多在100～500m之间。

本区地势整体南北高、中间低，由西向东缓降，最低点在境东富水水库库底，海拔20.13m。4个规模较大的盆地，自西向东依次为：通城盆地、崇阳盆地、通山盆地和阳新盆地。盆地底部褶皱轻微、浅丘起伏，受地质构造控制也呈近东西向排列。通城盆地系花岗岩基上发育而成的侵蚀盆地，其余则属于红色构造盆地。

盆地中的丘陵岗地，山顶和山脊较为宽缓，向斜山间的背斜谷多是丘陵性纵谷，与横断向斜山岭的横谷构成纵横交错的格状水系，富水主干总体上由西向东，支流则呈梳状或羽毛状，河谷呈"U"形。

三、大幕山复背斜褶皱构造低山区

本区西起药姑山（1032m），过陆水为崇（阳）咸（安）界山（615m）和咸（安）通（山）界山大幕山（954m）。北与大冶复式向斜南翼相接，南与通山复式向斜北翼相接，以大幕山复背斜为主体由一系列次一级的背斜和向斜组成，褶皱轴近东西向延伸，长达百余千米，宽10余千米。

药姑山是以元古宙浅变质岩为核部、早古生代碳酸盐岩为翼部的背斜次中山,崇(阳)咸(安)界山是以晚古生代碳酸盐岩为核部、志留纪砂页岩为翼部的向斜次低山,咸(安)通(山)界山大幕山是与药姑山岩性结构相同的复背斜高低山。海拔为500~1050m,大都是富水与陆水和金水的分水岭,水系呈羽毛状,河谷呈"V"形。

四、大冶复式向斜南翼——神山复式向斜丘陵岗地区

本区为大冶复式向斜南翼,南与大幕山、药姑山复式背斜相接,由一系列次一级的背斜、向斜和倒转向斜组成。大冶复式向斜南翼次一级的背斜、向斜和倒转向斜,褶皱轴呈弧形,在高桥—杨仁铺一线以东为北西西向,以西为北东向;神山复式向斜褶皱轴则近北东向延伸。褶皱由北向南、由东向西逐渐变得更加平缓而开阔。

丘陵山地分布于赤壁赵李桥—咸安高桥一线东南,海拔多在200m以下,由志留纪砂页岩、二叠纪—三叠纪碳酸盐岩及其残积物组成,因受地质构造控制,大致呈东西向展布。地势整体上是南高北低,地形起伏和缓,侵蚀-堆积作用明显,风化壳深厚,由南向北山体逐渐降低,山岭脉络逐渐模糊。

丘陵区向北为侵蚀-堆积岗地,通常是残积坡积物并经红土化过程的网纹红土或上—中更新统网纹状亚黏土红土岗地,分布于境内京广铁路沿线,或原系古长江河漫滩堆积阶地或基座阶地,后因河床下切或构造抬升,同时被坳谷分割而成,海拔多在60m以下,多呈南北向延伸。

五、冲积性泛滥平原区

该区分布于嘉鱼、赤壁的长江沿岸,江汉冲积性泛滥平原的东南缘,为全新统砂砾石河谷平原地形。海拔18~60m,河流均汇集流入湖泊或直接流入长江,横断面呈开阔的"U"形(王青锋等,2002)。

第三节 核心区地貌特征

核心区地貌特征为山高谷深、坡陡谷狭、岭谷相间、平行排列。

一、地貌发育特征

九宫山自然保护区地貌特有的特征反映在其地貌发育上的独特性,具体如下。

(1) 地壳运动和地质构造对九宫山自然保护区地貌的形成和演化具有显著影响,地貌分布受地质构造的控制。

(2) 岩性对本区地貌的发育有重要影响,岩性不同,地貌形态、地貌组合亦不同。

(3) 新构造运动抬升强烈。九宫山自然保护区内普遍存在两级夷平面,多级河流裂点,裂点以上的宽谷大都保存完好,裂谷以下河流下切形成谷深坡陡的"V"形谷。

(4) 在新构造强烈抬升下,经受冰川、流水、风化等外力作用的破坏,形成了别具一格的中山地貌景观。内力抬升与外力作用的共同作用形成了中山地貌。

(5) 冰川地貌、流水地貌分布普遍。强烈的抬升和急剧的气候变化发育了冰川地貌,充

沛的降水造成流水地貌发育,与花岗岩的岩性条件相关的球状风化、理化风化、生物风化表现明显。

二、中山地貌景观

九宫山区地势南高北低,地貌严格受岩性和地质构造控制。山脉走向与构造线方向基本一致,呈近东西向。九宫山为穹隆构造断块山,是在内外力共同作用下形成的中山地貌景观。

1. 层状地貌,各有特色

本区处于两个不同的大地构造单元,地质发展历史不尽相同,具有多种多样的岩性,岩性的不同,加上新构造运动掀斜式抬升,地貌类型在空间上呈现出有规律的展布特征:自南向北依次是中山、低山、丘陵,整体地势逐级下降,好似阶梯,层状地貌十分显著。

层状地貌在第四纪经受了不同的外力作用破坏,形成了截然不同的地貌形态,各有特色。中山海拔大于1000m,大致在八达垴—石龙—笔架山一线以南,构造上为九宫背斜轴部,由元古宇板溪群和燕山期花岗岩组成。冰期时经冰川侵蚀作用,形成了保存较好的危峰高峙,山岭狭窄的角峰、刃脊等冰川侵蚀地貌形态。山谷、山坡、山麓均发育有冰蚀地貌、冰碛地貌、冰水地貌。低山海拔在500~1000m之间,位于冰川侵蚀构造中山以北,唐家山—仰天堂一线以南,构造上为九宫背斜的翼部,多由震旦纪、寒武纪和奥陶纪碳酸盐岩类组成,冰期时以冻融风化作用为主,间冰期时岩溶作用明显,形成以山间漏斗、山坡洞穴、溶斗、溶洞为主的岩溶地貌形态。丘陵海拔小于500m,分布在岩溶构造低山以北,构造上基本上为西坑口向斜轴部,主要由志留系组成,形成顶部浑圆、坡面和缓的构造剥蚀丘陵地貌景观。

2. 岭谷相间,平行排列

本区属于长江支流富水水系,发源于九宫山北坡的河流都是富水的支流,基本上呈南北走向,河谷为横谷类型,自东向西具有岭谷相间排列的地貌特征——高高耸起的山岭与深深下凹的山谷相间排列,依次为大九顶(岭)—西港(谷)—喷水岩(岭)—龙沟(谷)—大岩头(岭)—中程畈(谷)—石人山(岭)—高湖畈(谷)—大仰山(岭)—集潭源(谷)—黄鹤尖(岭)。这些谷地基本上呈"U"形与"V"形组合,即谷地以河流裂点为界,裂点以上呈"U"形,裂点以下呈"V"形。这是由于冰川活动形成"U"形谷,受新构造运动强烈抬升和花岗岩垂直节理发育的影响,流水下蚀作用显著,河流溯源侵蚀将原来的"U"形谷改造成"V"形谷,即溯源侵蚀所达到的点(裂点)以下为"V"形谷,而"U"形谷在裂点以上保存较好。

3. 谷地重迭,分外明显

九宫山自然保护区的南北向河谷,在裂点上下具有两种截然不同的形态特征,但它们却都有谷中有谷、小谷套大谷的现象,一上一下极为明显。裂点以上是小冰川"U"形谷套在大冰川"U"形谷之中的冰川套谷,反映了前后两次冰川作用的规模不同,显然后一次冰川规模比前一次的小,形成的冰川"U"形谷只能在前一次形成的大冰川"U"形谷底部刨蚀形成。冰川悬谷的存在也证明了前后两次冰川作用的规模存在差异。所谓冰川悬谷是指主冰川"U"形谷两侧或源头有小的冰川"U"形谷与之交会,而小冰川"U"形谷的底部明显高于主冰川"U"形谷的底部,呈悬谷景观。裂点以下是流水作用形成的狭谷("V"形谷)套在冰川"U"形谷之中的谷中谷,即裂点以下的冰川"U"形谷被流水作用改造成狭窄的"V"形谷。不少狭谷的谷坡海拔在1000m左右,突然转缓,出现小块平台,是昔日冰川"U"形谷的侵蚀残留,如西港峡谷段,谷底高差达100~200m,这显然是由前后两种不同外力侵蚀作用造成的。

4. 地表破碎,流水地貌发育

山高谷深,新构造运动活跃,降水丰沛,流水作用强烈。内外动力作用的表现都比较强烈,是造成本区地表破碎的主要原因,也是各种流水地貌发育的主导因素。坡积群、沉积扇众多,河流地貌类型多样、特征明显、发育典型。

5. 风化强烈,重力地貌常见

坡陡谷狭,断裂作用普遍,因穹隆构造而张裂隙发育,且为亚热带气候,这些为风化作用提供了良好的发育条件,特别是花岗岩出露的地段,风化作用速度加快,在缓坡地段形成巨厚风化壳;进而坡地重力地貌也是非常普遍(王青锋等,2002)。

第四节 冰川地貌

九宫山区第四纪是否发生过冰川作用,目前尚有争论,因此,九宫山区也就成为专家、学者科学考察论证的极好典型地区。所以,涉及九宫山自然保护区,就不得不提九宫山第四纪冰川地貌。

在第四纪大冰期,冰川作用区的面积广泛,引发了一系列的地质、地貌过程,产生了各种类型的冰川地貌。冰川作用区特有的物质组成和地貌形态,往往直接影响到自然资源的开发利用和水库、渠道的布置。如冰川作用区易引起地表物质的变形、移动,产生滑坡、沉陷和泥石流等工程地质灾害;大规模冰川的进退,关系到气候的变化、水系的变迁、动植物迁移,以及海平面升降和地壳均衡运动等课题。因而,对九宫山自然保护区第四纪冰川的研究,在不同程度上直接或间接地涉及到人类经济活动以及自然景观的演化。

一、冰蚀地貌

冰川对地表具有很大的侵蚀破坏能力,包括挖蚀作用与磨蚀作用,并形成多种多样的冰蚀地貌类型。冰蚀地貌分布在山顶部位。九宫山自然保护区保存较好地冰蚀地貌,均集中于流水地貌较微弱的沟谷上源和山顶分水岭地带,由于受第四纪冰川后期的破坏较小而得以保存。

1. 冰窑和冰斗

九宫山冰窑多分布在冰川"U"形谷的源头。比较清晰的是毛田冰窑,它位于大仰山西侧,呈马蹄形洼地,东、西、南三面均由中细粒黑云母花岗岩构成的岩壁所环抱,开口方向为北西25°,规模较大,底部有1.5~2m的花岗岩漂砾,在出口处有基岩横亘,两侧另有一缺口,为昔日冰川的溢口,并在南坡有一冰斗。九宫山冰斗沿分水岭分布,悬挂在山坡或谷坡上，按海拔大概可分 1400m 左右与 1000m 左右两级。前者如陶姚洞冰斗，位于铜鼓包东北坡上，三面由板溪群构成的岩壁所环抱，后壁陡峻，坡度 65°，左右侧壁稍缓，坡度约 55°，斗口方向朝北西，直趋向龙塘冰盘，斗底海拔 1420m，见有石块堆积，其形态似围椅状。后者如大仰山东坡冰斗，自南向北有 3 个冰斗并列，为一个冰斗群，它们三面均由中细粒黑云母花岗岩构成的岩壁所环抱，后壁陡峻，左右侧壁略缓，斗口方向呈 SE80°，直趋向太阳山岭冰川"U"形谷。

2. 冰川"U"形谷和悬谷

九宫山冰川"U"形谷是最主要的冰蚀地貌类型，形态十分典型，尤以海拔 900～1000m 裂点以上最为清晰，谷地开阔，谷形圆滑，谷底平坦，谷壁整齐，谷身笔直，主冰川"U"形谷基本上由南向北伸展，并不少具有冰川套谷现象。如铜鼓包冰川"U"形谷、一级电站冰川"U"形谷、太阳山岭冰川"U"形谷等。其中尤以铜鼓包冰川"U"形谷保存最好，它位于铜鼓包东北坡，龙塘冰盆的西南侧，呈西南-东北向延伸，直达龙塘冰盆。大"U"形谷海拔 1400m，谷宽 135m，高出小"U"形谷底 30m。小"U"形谷海拔 1370m，谷宽 137m，并可见到现今溪流不在小"U"形谷底部最中央，而偏在谷地西北翼脚下。太阳山岭冰川"U"形谷十分典型。"U"形谷东侧是由细粒黑云母花岗岩构成的太阳山，西侧是由中细粒黑云母花岗岩构成的大仰山，大冰川"U"形谷海拔 1050m，谷底宽 55m，而小冰川"U"形谷海拔 900m，谷底宽仅 35m，谷底高差达 105m，它们是由前后两次冰川侵蚀作用形成的，显然后一次冰川规模比前一次要小，只能在前一次的大冰川"U"形谷底部刨蚀形成小冰川"U"形谷。金家田冰川"U"形谷及其以南的两条冰川"U"形谷，均位于太阳山西北坡，由东南向西北方向伸展，与太阳山岭冰川"U"形谷呈垂直相交，高悬在太阳山冰川"U"形谷之上，高差达 100m 左右，为十分清楚的冰川悬谷，这是由主支冰川规模大小不同冰川刨蚀作用力不等所造成的。

3. 冰盆、冰坎和冰阶

九宫山冰盆主要分布在山上，主要有龙塘冰盆和一级电站冰盆。龙塘冰盆呈马蹄形，海拔 1270m，是沟龙冰川"U"形谷的源头，兼具冰窑性质，冰盆出口处有由细粒黑云母花岗岩构成的略呈弧形凸起的横坎，高出冰盆底部 10～30m，是经冰川磨蚀作用形成的冰坎地貌。一级电站冰盆是冰川"U"形谷中的一个洼地，南侧是喷水岩（海拔 1281m），北侧是石龙山（海拔 1130m），均由中细粒黑云母花岗岩所组成，底部平坦，海拔 950m，长约 100m，宽约 70m，呈椭圆形，出口处为陡坎与二级电站台地相接，高差达 50m，二级电站与其下的小台地也以陡坎相接，高差也达 50m。这种阶梯状并非岩性不同造成的裂点，可能是冰川作用形成的冰阶。

4. 角峰和刃脊

九宫山分水岭地带很多山峰海拔均在 1300m 以上，山峰林立，尖峰指天，峻拔挺秀，为典型冰川角峰。铜鼓包（海拔 1585m）、三峰尖（海拔 1483m）、老鸦尖 3 峰东西横列，雄伟壮观，尤以后二峰为最尖峭，其山坡陡峻，为典型的角峰。东西排列的南北向主冰川"U"形谷之间的山岭，是冰川侵蚀作用形成的刃脊。比较典型的是支冰川"V"形谷之间的山脊，脊薄如刃，形态奇丽，与相邻冰川"U"形谷相互呼应，是由两侧的冰川"U"形谷侵蚀后退形成的，如喷水岩刃脊海拔1281m，呈东南-西北向，岩性为花岗岩。

5. 盘谷

高湖之北的谢家、石圈是两个典型盘谷，分别是太阳山岭冰川"U"形谷、乱尖冰川"U"形谷的冰川直达山麓掘蚀作用形成的，东西两侧为低山所环绕，向出口处收敛，成为"肚"大"口"小的椭圆形凹地，谢家盘谷海拔320m，为由板溪群、震旦系、寒武系组成的集潭岭、石塔岭、大平山所环绕，出口处宽60m，开口方向为北东向，出口处东西两侧可见保存完好的三角面地貌，可能是断层三角面，而冰川作用将被断层分割伸进盘谷的山嘴部分侵蚀破坏；石圈盘谷海拔320m，为板溪群震旦系构成的毫猎岭、大平山所环绕，其规模比前者大，出口处宽110m，底部见有冰川漂砾。

6. 鼻山尾

界牌所在的河谷方向由东南向西北伸展，在夏家对岸的谷底有一个与河谷方向一致的孤立小丘，它由下寒武统构成，形态奇特，东南端朝向河谷上游，一头高起，几乎悬崖壁立，向西北方向逐渐下降，长85m，宽27m，高出一级阶地面10m，并在东坡和尾部上见有黄色冰川泥砾，砾石花岗岩，大小混杂，毫无分选，整个形状酷似鼻山尾。

二、冰碛地貌

冰川在运动的过程中，不仅具有强大的侵蚀力，而且还能携带冰蚀作用形成的岩屑物质，接受周围山地因冻融风化、雪崩、泥石流等作用所造成的坠落堆积物。它们不加分选地随着冰川的运动而发生位移，但搬运距离的差别很大。随着冰川的衰退，冰川携带的冰碛物就相应地被堆积下来。当冰川的冰雪积累与消融处于相对平衡阶段时，冰川也比较稳定，冰川源源不断地将上游的表碛、中碛、内碛等各类冰碛物向下游运送，直至冰川末端堆积，部分底碛还沿冰川前缘剪切滑动、上移而暴露于冰面，当冰体消融后，也堆积于冰川边缘地带；若冰川迅速消退，冰体大量融化后，表碛、中碛、内碛等各种冰碛物就坠落，即运动冰碛转化为消融堆积冰碛，从而形成了各类冰碛地貌类型。

九宫山冰碛地貌主要类型有终碛堤、冰碛阶地、冰水扇3种，主要集中分布于山麓谷地，与山上冰蚀地貌相互呼应。

（1）终碛堤。主要分布在界牌和中程畈谷地中。由于后期流水冲决破坏，形态不太完整，但遗迹残留尚能辨认，可能有三四道终碛堤。

（2）冰碛阶地。高湖乡明显有两级冰碛阶地，第一级冰碛阶地保存较好，阶地面平坦，比高达50m，由冰川泥砾组成，砾石成分主要是花岗岩，无分选性，无定向排列，砾石磨圆度较差，以次棱角和次磨圆为多；第二级阶地，比高100m，以震旦纪页岩为基底，其上有冰川漂砾，主要成分是花岗岩和石英脉石。

（3）冰水扇。高湖乡扇形地海拔245m，高出河流阶地20m，后缘向前倾斜，高差10m左右，由冰水沙砾石堆积物组成，似冰水扇。

三、第四纪冰川堆积物

冰碛物是一种由砾、砂、粉砂和黏土组成的混杂堆积。结构疏松，粒径差别悬殊，几微米至几米，分选性比泥石流、冲积扇沉积物差。九宫山自然保护区的冰碛物以砂砾为主，黏土级粒级甚少，冰碛物中砾石的磨圆度较差，颗粒形态多呈棱角状和半棱角状。九宫山冰碛物在冰川搬运过程中，因砾石与基岩的摩擦，或与相邻砾石之间的挤压，故使漂砾的尖锐棱角多数已消失，加上花岗岩出露地表后易于在冰川后期发生物理风化、球形风化，所以九宫山冰碛物磨圆度中等。冰碛物堆积一般缺乏层理构造，这在九宫山自然保护区表现明显。消融冰碛表层黏土等细粒物质易被冰雪融水带走，结构松散，砾石常具棱角，其表面很少出现压、擦痕迹，亦无定向排列，唯当消融冰碛以滚动方式撒落时，所形成的侧碛和终碛局部带有向外倾斜的层次。砾石排列略具定向性。漂砾长轴与冰川流向基本一致，扁平面倾向上游。

九宫山自然保护区第四纪冰川堆积物，在山麓地带分布广泛，根据沉积物相的特征，可分为冰碛物和冰水沉积物两个类型。

1. 冰碛物

从九宫山自然保护区冰川泥砾的颜色、物质成分、风化和固结程度来看，可分为4种不同类型：深红色冰川泥砾、褐黄色冰川泥砾、黄色冰川泥砾、浅黄色冰川泥砾。

深红色冰川泥砾仅见于船埠和墩背之北罗源保。泥砾泥多砾少，呈深红色，砾石成分主要是花岗岩和板溪群变质岩，大小混杂，粒径极为悬殊，大者长径达1.8m，小者长径仅为3～4cm，一般长径在12cm左右，砂石无定向排列，磨圆度欠佳，为次磨圆，固结紧实。罗源保剖面见有明显湿热化现象，发育有虫状白条纹，砾石表面具染色现象，固结较紧，具风化圈。

褐黄色冰川泥砾分布不广，以墩背九宫山七级电站最为典型。细砂、粉砂与砾石混杂，砂质居多，呈褐黄色，砾石成分主要是板溪群变质岩和花岗岩等，其中以变质岩砾石居多。砾石无定向排列，无层次，大者多为花岗岩，长径达65～88cm，一般长径为25～30cm，小者仅3cm，砾石磨圆度不佳，为次磨圆和次棱角，固结较紧实。此类型冰川泥砂分布在志留纪页岩之上。

黄色冰川泥砾，山麓地带除西港谷地外，其他谷地均有分布，其中尤以界牌河谷（九宫山六级电站—上阵）、中程畈（中程畈—大屋场）最为典型。砾石以花岗岩为主，少数为石英和变质岩，大小混杂，大者长径75cm，小者只有3cm，一般为20cm，细砂充填其中，呈黄色，固结差，比较疏松。

淡黄色冰川泥砾仅见于山上。如富家山公路边，以砂质和砾石混杂堆积，呈淡黄色。砾石全是花岗岩，毫无分选性，棱角十分明显，未固结，极为疏松。

山麓地带还有巨大漂砾分布，以九宫山五级电站南面山坡漂砾最为典型，漂砾星罗棋布，主要成分是石英脉石和花岗岩，一般长2.1m，宽0.9m，厚0.95m，还有不少由花岗岩构成的小型漂砾，长1.2m，宽0.8m，厚1.7m，个别漂砾具有压坑现象。

2. 冰水沉积物

冰水堆积是冰川消融径流或冰川边缘水流所产生的堆积物。它们大多数是冰碛物经过冰雪融水的再搬运、再堆积而形成的。冰水沉积物具有一定的分选性、磨圆度和层理构造，具有冰川作用和流水作用的双重特征。九宫山自然保护区冰水沉积物在高湖乡有着广泛的分布。高湖乡冰水扇由冰水砂砾组成，砾石主要成分以花岗岩为主，磨圆度较好。

高湖乡冰水扇由冰水砂砾组成，高湖乡水井剖面比较典型，砂以细砂为主，砾石主要成分以花岗岩为主，磨圆度较好，在井上个别砾石见有擦痕。

高湖乡的竹山咀路边，冰川泥砾之下有由黄色和灰白色黏土组成的条带韵律层，中部夹有黑色有机物质，是冰湖相沉积物——纹泥。

第五节　水文概况

一、五大水系

本区有富水、梁子湖、金水、陆水、黄盖湖五大水系，主要河流除长江流径本地外，较大的水系有陆水、富水、淦水等河流，共计246条，均为长江一级支流；主要湖泊有西梁湖、斧头湖、黄盖湖、大岩湖和密泉湖。地表水流量79.455亿 m^3，折合径流深813mm；地下水流量24.49亿 m^3，有大小泉眼18 244处，地热井约60口，平均日开采量约30 000 m^3，被誉为"中国温泉之乡"。

二、核心区水系

九宫山核心区水系属本区最大水系富水干流及南岸支流，其核心区段均位于九宫山北部，呈平行状展布，具典型河流上游特征，急流与瀑布众多（图4-1）。

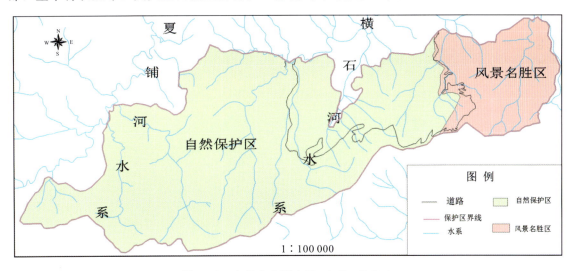

图4-1　九宫山主要水系（提供　钟学斌）

1. 厦铺河

厦铺河为富水干流之上游，发源于三界尖北麓，河道全长71km，流域面积571 km^2，河道平均比降13.5‰，其中上段比降较大，下段出保护区后比降明显降低，径流深1064mm，流量19.53 m^3/s，径流量 $6.06×10^8 m^3$，最高洪峰流量1890 m^3/s（1962年6月24日），最

低洪峰流量 224m³/s（1972 年 5 月 12 日）。

2. 横石河

横石河为富水之一级支流，发源于太阳山北麓，于石壁注入富水水库。河道全长 48.4km，流域总面积 451km²，河道平均比降 18.1‰，径流深 969.17mm，径流量 4.36×10⁸m³，平均流量 14.05m³/s，最高洪峰流量 1140m³/s（1983 年 7 月 6 日）。

3. 瀑布与山泉

九宫山区除以上主要河流水系外，区内还散布着大量的瀑布与山泉。瀑布主要分布于中低山地特殊地形区，较为著名的有位于九宫镇云中湖西的喷雪崖瀑布、太阳山主峰下的大崖头瀑布和森林公园的金鸡谷多级瀑布等。山泉则大量分布于区内地下水露头处，成为区内众多大小溪流的主要补给源，较为著名的有九宫山龙珠凸，三界三宝村的龙潭、七清两泉（王青锋等，2002）。

第五章　实习路线

实习路线一

湖北科技学院—温泉麓山小镇至一号桥河段—湖北科技学院

实习任务：

（1）了解植被修复的基本原理、意义，了解植被工程修复和自然修复的方法与过程。

（2）了解水情要素测量及水文资料整编的基本方法与流程。

（3）观察地下水的天然露头，了解温泉的成因与应用。

（4）观察基岩河曲、边滩，掌握河流弯道的形成及弯道环流动力特点；分析河曲与边滩的成因。

No.1　距温泉麓山小镇

点位： 温泉麓山小镇东 800m 外环公路旁（N29°50′38″，E114°17′30″）。

点义： 植被工程修复。

实习点概述： 此处位于咸宁西外环公路，由于修建公路开挖山体形成了边坡，为维持边坡稳定采取了相应的防护措施（图 5-1）。

边坡坡面防护

图 5-1　咸宁西外环公路边坡防护（拍摄　陈锐凯）

实习要求：

（1）观察周边地形特征，了解道路施工对自然环境造成的影响。

（2）观察下伏基岩岩性特征。

（3）观察此处边坡治理措施，并分析其原因。

No.2　咸宁淦河水文站

点位： 咸宁淦河水文站（N29°50′09″，E114°18′26″）。

图 5-2 咸宁淦河水文站
（拍摄 陈锐凯）

点义：水情要素测量方法和水文资料的整编。

实习点概况：略。

实习要求：

（1）了解水文站的工作内容。

（2）观察河流水位、流速测量，了解其基本原理与方法。

（3）分析此处水文站选址的原因。

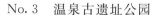

水文站小知识

No.3 温泉古遗址公园

点位：N29°49′17″，E114°19′07″。

点义：了解温泉的成因；观察河曲的形成、弯道环流的动力特点及河床边滩。

实习点概况：此处位于咸宁淦河一号桥的月亮湾河段。一号桥上游，淦河由南向北流动，在一号桥的月亮湾河段向西弯折，过了月亮湾后继续北流。该河段是咸宁温泉的主要分布区，共有泉眼 14 处，流量大，水温可达 50℃，是良好的地热资源（图 5-3）。

泉的分类

自由河曲与深切河曲

弯道环流

浅滩与河漫滩

图 5-3 温泉古遗址公园（拍摄 陈锐凯）

实习要求：

（1）了解温泉成因。

（2）观察与描述河流弯道两岸地形差异；观察并推测河底沉积物的变化及河流心滩、边滩的形成。

No.4 一号桥下游橡胶坝

点位：略。

点义：橡皮坝拦蓄景观水域的优点。

实习点概况：实习点位于咸宁一号桥下游约 80m 处，淦河在此由北转向西流，河流南北两岸分别是潜山和香吾山。

实习要求：

（1）观察此处橡胶坝所处地理位置。

（2）观察橡胶坝上下游水位、流速区别，推测河底沉积物变化。

（3）结合淦河水文特征推测一号桥橡胶坝主要功用。

橡胶坝

实习路线二

湖北科技学院—鸣水泉水库—湖北科技学院

实习任务：

（1）了解地方性地域分异规律，观察鸣水泉核心区自然景观的分异现象并分析其地理过程。

（2）观察岩溶地貌景观与发育特征，分析其成因。

（3）观察鸣水泉水库和金桂湖水库坝体的结构特点、坝体围岩的性质，讨论坝体围岩对水库安全的影响。

（4）观察刘家桥红层。

No.1 鸣水泉水库坝体

点位：略。

点义：地方性地域分异、自然景观差异影响因素。

实习点概况：位于咸宁市桂花镇内，鸣水泉水库库容约 539 万 m^3，是咸宁市淦河上游的一个重要支流，对下游咸宁市城区有着重要的影响。

实习要求：

（1）观察大坝附近山体景观变化，推测原因。

（2）观察坝底基岩岩性特征、附近地形特征，推测大坝选址的原因。

地域分异规律

No.2 鸣水泉水库尾挂榜山地下水闸及鸣水泉溶洞

点位：略。

点义：地表及地下喀斯特地貌观察与描述。

实习点概况：鸣水泉水库库尾挂榜山发育溶洞大厅和地下暗河；其中大厅规模较大，略呈圆形，面积达数万平方米；地下暗河流量大，年流量可达 1.32 亿 m^3，于 1985 年建成一地下水库发电站，装机容量 1500kW。

岩溶

实习要求：
(1) 地表岩溶地貌景观观察与描述。
(2) 天坑观察及成因分析。
(3) 地下河的形成及其开发利用价值。
(4) 溶洞大厅观察描述及其成因分析。

No.3 南川水库坝体

点位： 略。
点义： 观察水库坝体周围地貌特征和岩性，了解水坝选址条件和病库整治措施。
实习点概况： 南川水库位于淦水流域上游的咸安区桂花镇南川村，是一座以防洪、灌溉为主，兼有发电、城镇供水和生态补水等综合效益的大型水库，也是咸宁重要的水源地之一，总库容 1.024 亿 m^3，曾被列为全国重点危险水库。2016 年底，咸安区水利和湖泊局开始实施南川水库除险加固工程，工程批复总投资 6 420.51 万元；除险加固完成后，水库大坝防御洪水标准提升为 100 年一遇，设计洪水位 108.02m，可有效保护下游防洪范围内的咸宁市城区及桂花镇和马桥镇，保护人口 32 万人、农田 34 万亩（1 亩≈666.67m^2），以及京广铁路、京港高铁路、京港澳高速公路和 107 国道等国家重要交通干道。

水坝

实习要求：
(1) 对比鸣水泉水库大坝，分析水库大坝选址影响因素。
(2) 了解金桂湖水库大坝存在的问题及其治理措施。

实习路线三

湖北科技学院—九宫山自然保护区—湖北科技学院

实习任务： 观察并描述第三纪红层，了解丹霞地貌的特征及其发育过程。

No.1 通山县城—大畈镇公路旁

点位： N29°37′53″，E114°27′30″。
点义： 观察红层（图 5-4），了解丹霞地貌的特征及其发育过程。

红层与丹霞地貌

图 5-4 通山红色岩层（拍摄 陈锐凯）

实习要求：
（1）观察红层岩性，描述其矿物成分、结构、构造。
（2）仔细观察并描述碎屑物颗粒的粒径、粒性、粒态、粒向等沉积学特征。
（3）思考丹霞地貌的形成条件，并与此处红层进行对比分析。

实习路线四

金家田保护站—金鸡谷—太阳山—金家田保护站

实习任务：
（1）观察"V"形谷的特征，分析谷中巨砾的来源与成因。
（2）观察几种常见的石质河床侵蚀地貌，分析其成因，掌握裂点的成因及其指示意义。
（3）观察套谷的形态特征，分析其形成过程。

实习点概况： 实习点位于九宫山国家级自然保护区金家田保护站管辖范围，从金鸡谷入口至太阳山（湖北—江西交界处的分水岭），长约3.5km。沿路风景秀丽，植被繁茂，流泉飞瀑层出不穷，山区为河谷地貌典型。

几种常见的岩石坑穴地貌

No.1 玉龙投峡

点位： 玉龙投峡瀑布（N29°22′13″，E114°34′12″）。

点义： 观察壶穴（图5-5）的特征，掌握其形成原理。

注意事项： 此处地形陡峭，瀑布落差大，水流湍急，需注意安全。

实习点概况： 实习点位于玉龙投峡瀑布之上，可从金家田保护站行石板路到达。

实习要求： 观察并思考河床基岩坑穴的形成原因。

No.2 岩脉石质浅滩处

点位： 玉龙投峡瀑布上游约30m。

点义： 山区河流、河谷的地貌观察与描述。

图5-5 壶穴（拍摄 陈锐凯）

实习要求：
（1）观察"V"形谷的特征、分析谷中巨砾的来源与成因。
（2）观察河流裂点（图5-6）的特征，了解其成因，分析其作用。
（3）观察并分析石质河床中的石质浅滩和石质深槽。

No.3 太阳山

河流地貌

点位： 太阳山（N29°20′45″，E114°33′34″）。

点义： 河谷形态观察与分析。

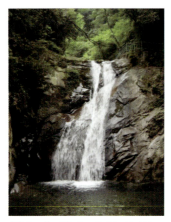

图 5-6 裂点（拍摄 陈锐凯）

草甸

冰川谷

实习要求：
(1) 观察沼泽化草甸的特征，分析其成因。
(2) 观察"U"形谷的形态特征，推测其形成过程。

实习路线五

金家田保护站—水晶宫—金家田保护站

点位： 金鸡谷门票站北东东方向的沟谷中。

点义： 崩积物的观察与描述。

知识链接： 陡坡上的岩体或土体在重力作用下突然发生急剧的向下崩落、滚落和翻转运动的过程称为崩塌，崩塌形成的堆积体称崩积物（图 5-7）。

实习要求：
(1) 观察河床堆积巨砾的岩性、直径、粒态等特征。
(2) 分析讨论堆积物成因。

图 5-7 崩塌地貌
（拍摄 陈锐凯）

实习路线六

自然保护区—高湖乡—闯王陵—自然保护区

实习任务：
(1) 观察第四系剖面及堆积物的特征，分析其来源与成因。
(2) 了解三角面地貌几种常见的类型；观察高湖桥对面三角面地貌的特征，分析其成因。
(3) 观察高湖桥上下游河床的特点，并与金鸡谷、水晶宫的石质河床进行比较，分析其成因。

No.1 高湖村

点位： 距高湖桥西南 900m，金家田保护站的公路边（N29°23′13″，E114°33′28″）。

点义：第四系堆积物观察。

实习点概况：实习点位于金家田保护站—高湖村路边，因村民取土开挖山体而形成剖面，剖面下部为基岩，上部为含巨大花岗岩砾石堆积物（图 5-8）。

实习要求：

(1) 堆积物岩性、粒径、粒向、粒态的观察与描述。

(2) 堆积物下伏基岩的观察与描述。

(3) 堆积物的成因分析与讨论。

图 5-8　高湖村—金家田路边第四纪堆积物（拍摄　陈锐凯）

No.2　高湖桥

点位：高湖桥（N29°23′38″，E114°33′42″）。

点义：三角面地貌的形成。

三角面陡崖　　　　盆地　　　　谢才公式　　　侵蚀、搬运、沉积与流速的关系

实习要求：

(1) 三角面成因分析与讨论。

(2) 河床沉积物（图 5-9）特征分析与对比。

图 5-9　高湖村河流河床堆积物（拍摄　陈锐凯）

实习路线七

金家田保护站—老鸦尖—金家田保护站

点位：老鸦尖（N29°21′37″，E114°35′36″）。

点义：
(1) 观察倒石堆特征，掌握其形成过程。
(2) 观察层状地貌特征、山脉与山岭走向，分析其成因。

崩塌　　　　　　夷平面　　　　　山岭与山脉

实习点概况： 老鸦尖位于金家田保护站东南方向直线距离约 2500m 处，海拔 1656m，为鄂东南地区第一高峰，是九宫山自然保护区最核心的地带。从金家田保护站至老鸦尖，平均坡度可达 25°以上，山高坡陡，崩塌频发。老鸦尖地势陡峻，山峰高耸。

实习要求：
(1) 观察与描述倒石堆。
(2) 观察、辨别、描述各种山地地形地貌。

实习路线八

招待所—瑞庆宫—云中飞雪—乌龟朝圣—招待所

实习任务：
(1) 观察冰蚀地貌。
(2) 观察拱坝的特征，了解其优势与不足。
(3) 应用所学知识推测"乌龟朝圣"巨石来源。

No.1　瑞庆宫

点位： 瑞庆宫西侧庭院（N29°24′26″，E114°40′06″）。
点义： 冰斗、冰盆地貌观察；孑遗植物观察。

冰斗　　　　　　冰盆　　　　　　孑遗

实习点概况： 实习点位于云中湖北岸，瑞庆宫西侧，周围生长有高大的银杏树和鹅掌楸古树；可以见到武汉大学休养所南面山坡的围椅状地貌，华中师范大学景才瑞教授认为这是冰蚀地貌——冰斗（陶姚洞冰斗）；云中湖原名龙潭，海拔 1230m，位于九宫山花岗岩侵入体与元古宇板溪群的接触带上，景才瑞教授认为这也是冰蚀地貌——冰盆。

实习要求：
（1）分析瑞庆宫银杏树与鹅掌楸古树的来源。
（2）分析武汉大学休养所南面围椅状地貌的成因。

No.2　云中湖水坝

点位： 略。

点义： 观察并描述云中湖水坝特征，了解其优势与不足。

实习点概况： 云中湖原名龙塘（图5-10），海拔约1230m，面积约0.1km²，水坝修建于云中湖西北角，为拱坝。

拱坝

图5-10　云中湖（拍摄　陈锐凯）

实习要求：
（1）云中湖地形特征观察，成因分析与讨论。
（2）云中湖水坝观察与分析。

No.3　云中飞雪

点位： N29°24′31″，E114°39′53″。

点义： 裂隙观察与描述；沟谷地貌观察与描述。

裂隙　　　　　　　差别侵蚀　　　　　　沟谷

实习点概况： 云中飞雪又称泉崖喷雪，系云中湖水向西北方向泻入深谷，形成一落差达70余米的瀑布，因流量较小，瀑布随风飘洒，形似飞雪，故得此名（图5-11）。

实习要求：
（1）云中飞雪裂隙地貌的形成与岩性、构造之间的关系。

(2) 沟谷地貌的发育过程。

No.4 "乌龟朝圣"景点

点位：乌龟朝圣景点。
点义：观察并描述"乌龟石"特征，推测巨石来源。
实习点概况："乌龟朝圣"（图5-12）为九宫山著名景点，为一形似乌龟的巨石，直径约3m，独立峭壁边缘，西临深谷。

图5-11 云中飞雪
（拍摄 陈锐凯）

图5-12 乌龟朝圣（拍摄 陈锐凯）

实习要求：观察乌龟朝圣巨石岩性与下伏基岩的关系，推测巨石的来源。

实习路线九

招待所—铜鼓包—招待所

No.1 星空桃源宾馆

点位：星空桃源宾馆（N29°23′35″，E114°39′41″）。
点义：鞍部地貌观察。
实习要求：
(1) 鞍部地貌观察。
(2) 境界线的划分与地形地貌之间的关系。

No.2 土壤叠覆层

点位：N29°23′35″，E114°39′18″。
点义：土壤叠复层观察与判别。
实习要求：观察土壤叠覆层（图5-13）所处位置，并判断其成因。

鞍部

古土壤与耕作淀积层

No.3 铜鼓包一线天

点位：铜鼓包一线天风景区（N29°23′34″，E114°39′06″）。

点义：观察铜鼓包一线天（图 5-14）的地貌特征，分析其成因。

图 5-13 土壤叠覆层（拍摄 陈锐凯）

图 5-14 铜鼓包一线天（拍摄 陈锐凯）

实习要求：观察并推测铜鼓包一线天形成的岩性、构造及气候原因。

No.4 拨云亭

点位：铜鼓包拨云亭（N29°23′40″，E114°39′12″）。

点义：刃脊（图 5-15）和角峰观察；花岗岩山脊与变质岩山脊的形态差异。

实习点概况：铜鼓包为九宫山脉第二高峰，海拔 1564m，峰顶平坦似鼓面。拨云亭（图 5-16）位于铜鼓包北侧拨云峰顶，拨云峰上部为元古宙变质岩，有"登高必自卑"摩崖石

冰斗、刃脊和角峰

崩岗

刻；下部为燕山期斑状黑云母花岗岩，在天气晴朗时，可清晰地见到二者之间的接触界线。

图 5-15 刃脊

图 5-16 拨云亭

实习要求：

（1）观察周围地貌，讨论是否为冰川形成的"刃脊"和"角峰"。

（2）观察对比不同岩性山脊形态的差异。

实习路线十

招待所—双曲拱坝—招待所

No.1 双曲拱坝

点位：略。
点义：双曲拱坝的特点；差异风化观察；残积物观察。
实习要求：观察并分析双曲拱坝的优点和缺点。

双曲拱坝

实习路线十一

招待所—后乐山庄—无量寿禅寺—招待所

No.1 马刀树

点位：N29°24′35″，E114°40′33″。
点义：观察马刀树的形态特征，分析其成因。
实习点概况：实习点位于九宫山停车场—无量寿禅寺的林间小路上，可见多棵高大杉树，树干近地面处向下坡方向弯曲，形似马刀状（图5-17）。
实习要求：观察树木生长形态，并探讨其原因。

马刀树、醉汉林

图5-17 马刀树（拍摄 陈锐凯）

气象学实习篇

第六章 鄂南地区气象特征

咸宁市隶属湖北省，位于湖北省东南部，长江中游南岸，幕阜山北麓，素有"湖北南大门"之称。北起N30.19°，南至N29.02°，东抵E114.28°，西达E113.32°，版图面积9861km²。东邻赣北，南接潇湘，西望荆楚，北靠武汉，区位适中，交通便捷。现辖1区1市4县：咸安区、赤壁市、嘉鱼县、崇阳县、通城县和通山县。其整体地势由东南向西北倾斜，南部为东北-西南走向的幕阜山脉，最高峰是通山县内的老鸦尖，海拔为1656m；北部为江汉平原的边缘。区内地形复杂，湖泊众多，水库星罗棋布，主要有陆水和金水两大水系，长江绕经西北的赤壁和嘉鱼两县市。

图6-1 咸宁市地形图（提供 咸宁市气象局）

咸宁市属亚热带湿润型大陆性季风气候，气候温和，降水充沛，光照充足，四季分明，雨热同季，无霜期长。这里季风分明，冬冷夏热，春温多变，秋高气爽，梅雨显著，夏雨集中。冬季盛行偏北风，偏冷干燥；夏季盛行偏南风，高温多雨。南部山区具有较明显的山地气候特点。因咸宁市地处中纬度地带，受西风带和亚热带季风环流的双重影响，具有南北气候过渡带的天气特征，气象灾害多发且种类繁多。主要气象灾害有暴雨（雪）、干旱、洪涝、寒潮、高温、低温、连阴雨、大雾、雷暴、冰雹、龙卷风、台风低压、飑线、霜冻和大风等，尤以暴雨、干旱为重。

咸宁市各县市历年年平均气温为17.0~17.5℃。年平均气温最低的是1969年，为16.2℃；最高的是2007年，为18.4℃。一年当中，最冷为1月份，各县市历年月平均气温

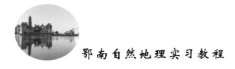

为4.5~4.8℃；最热为7月份，月平均气温为28.7~29.4℃，极端最高气温为41.7℃，出现于2003年8月1日；极端最低气温为-15.4℃，出现于1969年1月31日。

咸宁市各县市历年年平均雨量为1 431.3~1 604.3mm，嘉鱼最低，为1 431.3mm，崇阳最高，为1 604.3mm。最高年雨量为2 559.4mm（通城县1995年），最低年雨量为849.2mm（嘉鱼县1968年）；单日最大雨量为289.9mm，于1964年6月28日出现在赤壁市。

咸宁市各县市平均年日照时数为1588~1780h，地理分布是由南向北递增，年日照百分率为38%~42%。常年平均风向为东南风，平均风速为1.5m/s。

咸宁市无霜期长，无霜期平均为256~271d。初霜日一般在每年的11月份中下旬，终霜日一般在每年的2月份下旬到3月份上旬。①

咸宁四季特征分明。冬季，在蒙古高压和阿留申低压的控制下，常有来自北方的冷空气侵袭，天气寒冷，偏北风较多，雨雪较少。春季，由冬转夏的过渡性季节，气旋活动频繁，风向多变，对流天气较多。夏季，大陆性热低压形成，增温明显，同时，太平洋副热带高压达到鼎盛时期，盛行来自海洋的偏南气流，天气炎热，雨水充沛，光照丰富，光、热、水条件充足。秋季，由夏转冬的过渡性季节，副热带高压逐渐撤离大陆，西风带系统逐渐占优势，在变性大陆高压控制下，呈现出秋高气爽、气候宜人的晴好天气。

---

① 注：气候资料值选取咸宁市气象局1981—2010年30年气候值，极端要素值为有气象资料以来的极值。

第七章 气象要素的观测原理与判定方法

第一节 温度、湿度的量测原理和方法

气温是表示空气冷热程度的物理量,通常用华氏温度、摄氏温度和开尔文温度(绝对温度)等来表达,摄氏温度和开尔文温度换算公式如下:

$$C=(F-32)\times 5/9$$

式中:F——华氏温度;

C——摄氏温度。

摄氏温度与开尔文温度(绝对温度)的换算公式如下:

$$K=C+273.16$$

式中:K——开尔文温度;

C——摄氏温度。

湿度是表示大气干燥程度的物理量,通常所说的湿度为相对湿度,用 RH(relative humidity,%)表示。测量空气温度和湿度的方法有 20 多种,目前使用最多的主要有两种:百叶箱干湿球测湿法,电子式温度、湿度传感器测量法。

百叶箱是安装温度、湿度仪器的防护设备。它的内外部分应为白色。气象百叶箱的作用是防止太阳对仪器的直接辐射和地面对仪器的反射辐射,保护仪器免受强风、雨、雪等的影响,并使仪器感应部分有适当的通风,能真实地感应外界空气温度和湿度的变化。白天,空气对太阳辐射的吸收能力弱于任何一种温度感应元件;夜晚,空气的红外辐射能力又弱于任何一种温度感应元件的表面。任何直接暴露在空气中的测温元件,其测量值在白天将系统偏高于气温,夜间则系统偏低。为避免这种辐射误差,必须对测温元件采取有效的辐射屏蔽措施。百叶箱是其中的一种,被广泛地应用于气象台站网的气象观测场上。

气象百叶箱通常由木质和玻璃钢两种材料制成。箱壁两排叶片与水平面的夹角约为 45°,呈"人"字形;箱底为中间一块稍高的 3 层平板,箱顶为 2 层平板,上层稍向后倾斜;为减少对太阳辐射的吸收,箱体颜色为白色。百叶箱测量的是 1.5m 高度的温度和湿度,因为 1.5m 高是人类的活动范围。

百叶箱(图 7-1)中有 4 支温度计,竖直

图 7-1 百叶箱[①]

---

① 图注来源于网络,详细网址为 https://web.shobserver.com/news/detail? id=25020。

放着的是 1 支湿度计和 1 支测量当时时刻温度的温度计，横放的是 1 支测量最高温度表和最低温度表，与之相对应的是自动站，将自动测量温度和湿度的温湿传感器放入百叶箱中即可，数据可及时传到电脑当中。百叶箱内仪器及其测量原理介绍如下。

1) 玻璃温度表

结构：主要由感应部位、套管、刻度尺、毛细管等组成。

测温液体与测温原理：测温液体是水银或酒精；测温原理是热胀冷缩——水银和酒精都具有比较明显的热胀冷缩特性。

玻璃温度表是用于测定空气的温度和湿度的仪器。它由两支型号完全一样的温度表组成，温度由干球温度表测定，湿度由湿球湿度表测定。

2) 最高温度表

最高温度表的构造与一般温度表的不同，其感应部分内有一玻璃针伸入毛细管，使感应部分和毛细管之间形成一窄道。当温度升高时，感应部分水银的体积膨胀，挤入毛细管；而温度下降时，毛细管内的水银，由于通道窄不能缩回感应部分，因而能指示出上次调整后这段时间内的最高温度。

3) 最低温度表

最低温度表的感应液是酒精，其毛细管内有一哑铃形游标。当温度下降时，酒精柱便相应下降，由于酒精柱顶端表面张力作用，带动游标下降；当温度上升时，酒精膨胀，酒精柱经过游标周围慢慢上升，而游标仍停在原来位置上。因此它能指示上次调整以来这段时间内的最低温度。

4) 湿度的观测

(1) 干湿球温度表。干湿球温度表是用于测定空气的温度和湿度的仪器。它由两支型号完全一样的温度表组成，气温由干球温度表测定，湿度是根据热力学原理由干球温度表与湿球温度表的温度差值计算得出。

干湿球温度表测量湿度原理：固定式干湿球温度表由两支相同形状的水银（或酒精）温度表组成，球部包有湿润纱布的叫湿球温度表，另一支叫干球温度表。干湿球温度表安置在小百叶箱中。当空气中的水汽未饱和时，湿球纱布上的水分就会不断蒸发，而蒸发要消耗热量，此热量是从湿球本身及周围的薄层空气中吸得的，当湿球因蒸发所消耗的热量和周围空气中获得热量相平衡时，湿球温度不再下降，这时干湿球温度就有一个差值。这个差值的大小取决于空气的湿度，湿度越小，湿球蒸发得越快，湿球温度降得越多，干湿球温度差就越大；相反，湿度越大，湿球蒸发得越慢，湿球温度降得越少，干湿球温度差就越小。如果空气中的水汽已经为饱和状态，则蒸发停止，湿球温度就不会下降，于是干湿球温度相等。

此外，湿球蒸发的快慢还与气压、风速有关，气压愈高，风速愈小，湿球蒸发得越慢；反之，湿球蒸发得越快。因此，根据干湿球温度差，计算空气湿度时，还要考虑当时的气压和风速。干湿球湿度计的准确度还取决于干球、湿球两支温度计本身的精度。湿度计必须处于通风状态：只有当纱布水套、水质、风速都满足一定要求时，才能达到规定的准确度。干湿球湿度计的准确度只有 5%～7%RH。用干湿球温度求空气中水汽压的计算公式：

$$e = Et_w - AP_h(t - t_w)$$

式中：e——水汽压（hPa）；

Et_w——t_w 时刻所对应的纯水平液面饱和水汽压（hPa）；
A——干湿表系数，其值见干湿表系数表（℃$^{-1}$）；
P_h——本站气压（hPa）；
t——干球温度（℃）；
t_w——湿球温度（℃）。

（2）数显式温度计法。现在有越来越多的数显式温度计。数显式温度计的感温部分采用 PN 结晶热敏电阻、热电偶、铂电阻等温度传感器，感温是通过传感器自身随温度变化的原理后经放大，送 $3×1/2×A/D$ 变换器后，再送显示器显示。最小分放率为 0.1℃，测量范围为 $-40\sim90$℃，测量精度 ± 0.1℃。其量测一般为冲电（或装填电池）、较准、测定及关闭 4 个步骤。

（3）湿度传感器测量法。电子式湿度传感器及湿度测量兴起于 20 世纪 90 年代。近年来，国内外在湿度传感器研发领域取得了长足进步。湿度传感器正从简单的湿敏元件向集成化、智能化、多参数检测的方向迅速发展，为开发新一代湿度测控系统创造了有利条件，也将湿度测量技术提高到新的水平。

与湿度传感器测量法相比，干湿球测湿法的维护相当简单，在实际使用中，只需定期给湿球加水及更换湿球纱布即可。与电子式湿度传感器相比，干湿球测湿法不会产生老化、精度下降等问题，所以干湿球测湿方法更适合于高温及恶劣环境使用。电子式湿度传感器的准确度更高，但在实际使用中，由于尘土、油污及有害气体的影响，使用时间一长，就会老化且精度下降，湿度传感器年漂移量一般都为 $\pm 2\%$，甚至更高。一般情况下，生产厂商会标明 1 次标定的有效使用时间为 $1\sim 2a$，到期需重新标定。一般说来，电子式湿度传感器的长期稳定性和使用寿命不如干湿球湿度传感器。

第二节　几种易混淆云类的观察与识别方法

1）积雨云

按成因，积雨云可分成两类：

（1）第一类是由于局地热力对流形成的积雨云。这类云一般范围不大，其外形特征在生成、发展、消失的各个阶段较为明显，识别不难。

（2）第二类则是由于天气系统影响带来的积雨云。这类云来自远方，观测不到其初期的发展阶段，识别较为困难，这类积雨云一般都具有如下特征：当其顶部卷云刚刚移入天空时，可观测到白色的丝缕结构和砧状或扇形的连续云层，并朝同一方向推进；随着积雨云母体推近测站，其移动速度加快，云体由薄变厚，颜色逐渐加重；当积雨云母体移至测站上空时，云底起伏翻滚，阴暗混乱，常伴有电闪雷鸣。

2）碎层云、碎雨云和碎积云

碎层云、碎雨云和碎积云这 3 种云从外形上看，略有相似，最大的区别在于碎雨云一般是出现在有降水或上游天空有降水随风飘至的情况下。当碎雨云形成在降水之前且呈薄片状时，容易被误认为碎层云。但是，碎雨云常在雨层云、积雨云或较厚的层积云形成之后出现，而碎层云的上面没有降水云，一般是由雾抬升或层积云演变而来。当碎层云厚度较大

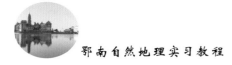

时，容易被误认为碎积云。但是碎层云的颜色较深，云体没有凸起现象，而碎积云呈白色，云体中部凸起。

3）高层云、雨层云和层云

高层云、雨层云和层云这3种云外形非常相似，都可形成降水，在实际观测中，这3种云很容易形成混淆。高层云带有条纹或纤缕结构，有时较均匀，由于云层厚度的不同，其颜色和明暗程度也不同。厚的高层云，呈灰色，云底阴暗，看不到日月；薄的高层云，呈灰白色，可看到日月轮廓。因与雨层云可相互演变，且外形相像，故较难分辨。高层云属中云，其云底高度比雨层云的要高，一般由卷层云、雨层云演变而成，有时也会由蔽光高积云演变而成。在我国南方地区，高层云有时也会由积雨云中上部延展形成，但持续时间不会太长。

雨层云，云体厚而均匀，常布满全天，能完全遮蔽日月，呈暗灰色。雨层云云底常伴有碎雨云，碎雨云呈灰色、暗灰色，形状多变，边缘散乱，移动快，也为雨层云属。但相比高层云，雨层云云层更加阴暗均匀，完全蔽光，常降有连续性的雨雪。高层云也可降连续性雨雪，但大多会出现间歇性雨雪。

层云的外表很象雨层云，它们之间的区别主要是，雨层云具有系统性，而层云更具局地性，雨层云基本上都由大范围天气系统移动而成，都由其他云，如高层云、蔽光高积云、蔽光层积云等，演变而成，而层云除直接生成外，一般都由局部地区雾层抬升而成，出现时通常无其他云系存在。雨层云常降连续的雨雪，层云只能降毛毛雨或米雪。

4）高积云、卷积云与层积云

卷积云与高积云的形状很相似，只是卷积云云块较小，视宽度角小于1°，较明亮；高积云视宽度角为1°~5°，且常有环绕日月的华环或虹彩。高积云和层积云也较相似，但层积云视宽度角通常大于5°，云块比高积云松散，没有高积云紧密，云高通常在1000m左右，而高积云高度通常在2000m以上。此外，视角大小可用以下简便方法来确定：伸直手臂，用3个手指并列量出云块的大小，如果多数云块被遮住就是高积云，否则就是层积云。此外，层积云高度较低，云块较大、较厚、较松散，而高积云高度较高，云块较小、较薄、较结实。

第三节 风速的观测与风级的判定

在野外，风速、风级的观测、判定有定性与定量两种方法，其中，定量判定是利用仪器来进行观测，如气象站的电接风向风速仪，它是包括感应器、指示器和记录器3部分组成的有线遥测仪器。感应器安装在气象观测场的杆子上，指示器和记录器安装在室内。通过指示器观测瞬时风速和瞬时风向。记录器的自记纸整理后可以得出任意时分的平均风速和风向。需要记录的方向有17个，每22.5°代表1个方位（图7-2）。其中，当风速值为0时，记为第17方位[①]，即静止方位。

在野外，风速观测通常会使用便携式三杯风速风向仪（图7-3）。便携式三杯风速风向仪风速测量部分采用了微机技术，可以同时测量瞬时风速、瞬时风级平均风速、平均风级和对应浪高等参数，风向部分，采用了自动指北装置，测量时无需人工对北。便携式三杯风速

---

① 所谓的第17方位并不是一个真正的方位，只是一种记录方式。

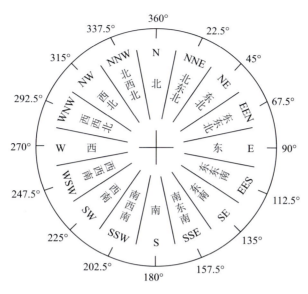

图 7-2 风向 17 方位图[①]

风向仪带有数据锁存功能，便于读数、简化测量操作。使用便携式三杯风速仪量测时应注意：风向量测部分由保护风杯的护圈所支撑，由风向标、风向轴及风向度盘等组成，装在风向度盘上的磁棒与风向度盘组成磁罗盘，用来确定风向方位。风向度盘外壳下方具有锁定旋钮，当下拉锁定旋钮并向右旋转定位时，回弹顶杆将风向度盘放下，使锥形宝石轴承与轴尖接触，此时风向度盘将自动定北，风向示值由风向指针在风向度盘上的稳定位置来确定。当左旋转锁定旋钮并使其向上回弹复位时，回弹顶杆将风向度盘顶起并定位在仪器上部，使锥形宝石轴承与轴尖分离，以保护风向度盘及轴承与轴尖不受损坏。

图 7-3 KHQ5 矿用手持气象参数测定仪便携式三杯风速风向仪[②]

风速的传感器采用的是传统三杯旋转架结构。它将风速线性地变换成旋转架的转速。为了降低启动风速，采用特制的轻质风杯，由宝石轴承支撑。在旋转架的轴上固定有一个齿状的叶片，当旋转架随风旋转时，轴承带动着叶片旋转，齿状叶片在光电开关的光路中不断切割光束，从而将风速线性地变换成光电开关的输出脉冲频率。仪器内的单片机对风传感器的输出频率进行采样、计算。最后，仪器输出瞬时风速、一分钟平均风速、瞬时风级、一分钟平均风级、平均风级对应的浪高。测得的参数在仪器的液晶显示器上用数字直接显示出来。

---

① 图片来源网络，详细网址为 https：//baike.baidu.com/item/%E9%A3%8E%E5%90%91%E6%9D%86/19622787。

② 图片来源网络，详细网址为 http：//www.bjltsj.com/html/article/1282.html。

在观测前应先检查风向部分是否垂直牢固地连接在风向风速仪风杯的护架上,下拉锁定旋钮并向右旋转定位,回弹顶杆将风向度盘放下,使锥形宝石轴承与轴尖接触。

观测时应在风向指针稳定时读取方位。

观测后为了保护锥形宝石轴承与轴尖,应及时左旋转锁定旋钮并使它向上回弹复位,使回弹顶杆将风向度盘顶起并定位在仪器上部,从而使锥形宝石轴承与轴尖离开。

显示器上一共有4位数字,左边第一位显示的是参数号,其中,A代表瞬时风速,C代表瞬时风级,B代表平均风速,D代表平均风级,E代表对应浪高;后三位数字显示的是相应参数的数值,其中,瞬时风速、平均风速的单位为m/s,瞬时风级、平均风级的单位为级,对应浪高的单位为m。

在仪器运行时,可同时测量瞬时风速、瞬时风级、平均风速、平均风级、对应浪高这5个参数,但显示器每次只能显示其中的一个参数,通过按键"风速"和"风级"可实现参数之间的显示切换。每按一次风速键,显示参数就会在瞬时风速和平均风速之间切换;每按一次风级键,显示就在瞬时风级、平均风级、对应浪高之间切换。平均风速、平均风级、对应浪高需要1min的采样时间,所以,在进行测量的1min内,或锁存撤销后1min内,不能得到正确的平均值,一直要等到采样时间超过1min,显示器才显示有效的参数值。

风速、风级也可以通过一些自然响应的特征进行定性判断(表7-1)。

表7-1 风速当量表

蒲福风级及描述	在开阔、平坦地面上方10m标准高度处的风速当量				陆地表征
	以kN为单位	以(m·s⁻¹)为单位	以(km·h⁻¹)为单位	以(mile·h⁻¹)为单位	
0 静风	<1	0~0.2	<1	<1	静,烟直上
1 软风	1~3	0.3~1.5	1~5	1~3	飘烟能表示风向,但风向标尚不能指示风向
2 轻风	4~6	1.6~3.3	6~11	4~7	人面感觉有风,树叶有微响,普通的风向标能随风移动
3 微风	7~10	3.4~5.4	12~19	8~12	树叶与嫩枝摇动不息,旌旗展开
4 和风	11~16	5.5~7.9	20~28	13~18	灰尘和碎纸扬起,小树枝摇动
5 劲风	17~21	8.0~10.7	29~38	19~24	有叶的小树开始摇摆,内陆水面形成波浪
6 强风	22~27	10.8~13.8	39~49	25~31	大树枝摇动,电线呼呼有声,打伞困难
7 疾风	28~33	13.9~17.1	50~61	32~38	全树摇动,迎风步行感到不便
8 大风	34~40	17.2~20.7	62~74	39~46	树枝折断,行进受阻
9 烈风	41~47	20.8~24.4	75~88	47~54	发生轻微的建筑破坏(烟囱管和房顶盖瓦吹落)
10 狂风	48~55	24.5~28.4	89~102	55~63	内陆少见,见时树木连根拔起,大量建筑物遭破坏
11 暴风	56~63	28.5~32.6	103~117	64~72	极少遇到,伴随着广泛的破坏
12 飓风	≥64	≥32.7	≥118	≥73	

第四节 雨量量测及分级方法

称重式雨量传感器的使用时间为每年的11月1日—次年的4月1日,主要用来测量固态降水（雪），每6h进行一次数据传输。称重式雨量传感器使用的是液态雨量传感器（图7-4）。

液态雨量传感器由承水口、过滤网、上筒、连接螺钉、磁钢、干式舌簧管、下筒、翻斗、限位螺钉、锁紧螺母、底座、水准泡、调平螺钉等主要部分组成。承水口收集的雨水，经过上筒（漏斗）过滤网，注入计量翻斗（翻斗是用工程塑料注射成型的、中间用隔板分成两个等容积的三角斗室）。它是一个机械双稳态结构，当一个斗室接水时，另一个斗室处于等待状态。当所接雨水容积达到预定值（3.14mL、6.28mL）时，由于重力作用翻倒而处于等待状态；此时，另一个斗室处于接水工作状态，当其接水量达到预定值时，翻倒而处于等待状态。在翻斗侧壁上装有磁钢，它随翻斗翻动时从干式舌簧管旁扫描，使干式舌簧管通断，即翻斗每翻倒1次，干式舌簧管便接通1次并送出1个开关信号（脉冲信号）。这样，翻斗翻动次数可用磁钢扫描干式舌簧管通断送出的脉冲信号计数，每记录1个脉冲信号，便代表0.1mm、0.2mm降水，实现降水遥测的目的。

在没有液态自动雨量传感器时，人工测量雨量使用的是雨量器（图7-5），人工读数和测量。

图7-4 液态雨量传感器　　　　　　　　　图7-5 雨量器

第五节　光照时数测定

气象站用暗筒式日照计来记录光照一天的变化。暗筒式日照计上部是一个黄铜制的圈筒，两边各穿一小孔（图7-6）。两孔距离的角度为120°，但孔要前后错开，以免上午、下午日影重合。将带有化学试剂浸泡过的纸张放入暗筒种，光线在上、下午都能穿过小孔而射入筒内，使感光纸感光而留下一条蓝色线条。筒上装一隔光弧板，使上午、下午阳光明确分开（除正午一、两分内，阳光可同时进入两孔，其余时间阳光均只能从其中一个孔进入），筒口有盖紧紧盖住筒口，以免阳光进入使感光纸失效。不同的光照强度在试纸上留下的感光迹

图7-6 暗筒式日照计

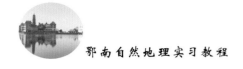

线不同。最后,在进行人工处理后,从感光纸上感光线条的长度就可计算出日照的时间,得到当天的光照强度变化。

第六节 气压的测定

测定气压的气压仪器有两类,即水银气压表和空盒气压表。前者的优点是读数精密;后者的优点是携带便利,但不如水银气压表准确,必须经常按水银气压表校正。因此,气象台站使用水银气压表,而野外工作者使用空盒气压表。如果要取得气压连续变化的记录,则使用水银气压表。

水银气压表原理:水银气压表是一个上端封闭、下端开口的真空玻璃管,其下端浸在盛有水银的杯中,大气压力作用于水银杯中的水银面上,使水银升入真空玻璃管中,水银柱就能随大气压的高低而上升或下降,其水银柱的高低可借玻璃管外面的一个金属套管上的标尺及游标尺读出数值,测量单位为 mmHg,再换算为 kPa(1mmHg=0.133kPa)。

水银气压表的观测步骤为:

第一步 观测附属温度,读数精确到 1 位小数。

第二步 动槽式调整水银槽内水银面,转动水银槽底部的螺旋,使水银面与指未刻度零点的指标尖端刚刚接触,校正零点。定槽式用手指轻击表身(轻击部位以刻度标尺下部附温表上部之间为宜),使水银上凸面处于正常状态。

第三步 调整游尺与读数记录。气压表的刻度单位不论是"mbar"(现已用 hPa)还是"mm",数值均取 1 位小数。

定时观测时,在水银气压表观测完后,便读气压计,将读数记入观测簿相应栏中,并作时间记号。

第八章 实习路线

第一节 校园气象实习

实习路线一

桂花树林—学校北门附近的草地

实习目的：掌握在局地环境下气温、地温、土壤湿度、露点、风速、风向、二氧化碳等气象要素日变化规律，了解不同下垫面性质对局地气象要素的影响。

注意事项：由于需观测不同局地环境（林地与草地），但只有1个小型气象自动观测站，因此需要移动观测站仪器。在仪器搬移过程中，可能会出现损坏仪器的情况。

实习点概述：

（1）观测场地一：位于校园南门东侧环湖大道与羽毛球馆之间，为一片占地面积约10亩的桂花树林。林地平整，以南为居民区，以西为高层居民小区，以北为部分草地和裸地。林内桂树林高约4m，单株盖度约12m²，株间距约为4m。林下多为杂草，株高约0.7m。小型气象自动观测站置于林地中央，由东路进约30m，南路进约80m，外由铁丝网围护，每次可容4人进入观测。

（2）观测场地二：位于校园揽月湖西、羽毛球馆东，是上述桂花林以北的一片自然草地。约为5亩，东西长约70m，南北长约80m，株高约为0.4m。小型气象自动观测站置于草地中央，由东路进约40m，北路进约40m，外由铁丝网围护，每次可容4人进入观测。

实习内容：分别观测林地与草地气温、地温、土壤湿度、气压、露点、风速、风向、太阳辐射、二氧化碳等要素的日变化情况。

教学安排：①根据班级人数分组进行（一般4人一组）；②从早6：00—晚8：00逐时观测各气象要素；③绘制各要素日变化曲线，撰写实习报告，总结变化规律。

实习要求：尽可能地按整点观测，每次观测在3min以内完成，如在规定时间内完成多次，则进行要素值求和平均，手机拍摄记录观测者观测情形；观测者应站在仪器北方方向，不能接触仪器，禁止在观测场地内嬉闹。

拟采用方法：观测法、绘图表达、比较法。

实习用品：铅笔、橡皮、记录表、约2m长的小竹杆。

思考：草地、林地和水泥地等局地环境对气象要素影响差异。

实习路线二

温泉城区—太乙洞温泉城区—双溪线

温泉城区俯瞰图：如图8-1所示。

图 8-1 温泉城区卫星图（来源：Google earth）

实习目的：了解中等城市热岛效应。

实习点概述：

（1）观测场地一：温泉城区中心花坛为温泉城区环岛，是温泉城区商业最为繁华的地带，车流、人流量大，可通城区各方向，代表城区气象环境。以环岛为中心向东，沿岔路口—林校—鄂南高中—交警大队一线，建筑密度逐渐降低，人流量减少，沿线由商业活动中心向居住区和郊区过渡，交通便利。

（2）观测场地二：温泉城区中心花坛西南—潜山-三江度假村—太乙洞一线，该线建筑密度下降快，沿线分布有森林、农田和河流，景观多样，交通便利。

实习内容：观测记录由城市中心向外的气温变化。

教学安排：

（1）每两人一组，室内明析指定测点。

（2）到达指定测点，一人观察，一人记录。

（3）选择高温日（≥35℃）的下午2：00和晚上9：00测定气温。

（4）汇总观测结果，结合实图表达。

实习要求：

（1）观测在3min以内完成，5次观察求和平均，保留1位小数。

（2）手持温度计（表），离开人体一定距离（30cm左右），避免直接曝晒，仪器手持离地高1.5m处。

（3）温度计上不能沾水，手不能接触玻璃球泡。

（4）尽可能在无车辆通行时进行测量。

(5) 提前 20min 到达观测点，GPS 记录点位坐标。
(6) 强调安全事项。
(7) 教师前期沿线预察，确定观测点位。
(8) 手机拍摄观测点周边场景。

拟采用方法：观测法、GIS 绘图表达法。

实习用品：温度计（表）、铅笔、橡皮、记录表、草帽、手持 GPS。

可能存在的问题：
(1) 找不到预定观测点。
(2) 预定观测点附近出现临时遮挡物。
(3) 温度计上沾有汗珠。

思考：
(1) 为什么同一时刻的气温观测结果不稳定？
(2) 城市热岛效应形成原因。
(3) 中小城市热岛效应特征。

第二节　咸宁市气象站气象实习

实习路线三

气象局—咸宁国家观测站

GPS 定位：E114°22′，N29°51′。

图 8-2　咸宁国家观测站（拍摄　徐新创）

实习目的：了解咸宁市天气预报过程，观看气象站、熟悉气象观测仪器，掌握气温、降水、湿度、风速等基本气象要素的观测方法。

实习点概述：咸宁市天气预报过程观察场位于咸宁市气象局办公大楼10楼的气象数据预报中心。气象局大楼位于贺胜路，工业园旁边，其10楼预报厅面积约200m^2，布设有气象预报系统服务系统。

大厅分为全国每日天气会商收视厅和咸宁市天气预报业务厅两部分。气象局于每日早上8∶00—8∶30会在天气会商收视厅组织听取全国天气情势。该厅可容60人左右，移动座椅20余个，学生在此大多需站立观看天气会商。天气预报业务厅主要由10余台计算机组成的预报平台和2个小型液晶屏幕构成，师生们可在此观看、收听气象预报专家讲解咸宁市典型天气变化预报及其形成过程。

咸宁国家观测站为一般气象站，区站号57590。观测站位于咸安区马桥镇樊塘村黑山茶厂，总占地面积15 428m^2，海拔98.8m。站址距市区直线距离3.0km，车程约4.0km，周围地势开阔，环境优美，无遮蔽，探测环境十分理想。该站始建于1966年，2008年搬迁至现站址正式运行，目前主要承担工作任务有地面气象观测、农业气象观测、风廓线雷达观测、暴雨外场试验观测、各类型特种探测等。

迁站以来，由于观测站环境优美，探测环境完全符合部门有关规定，加之咸宁年均降水量达到1600mm，暴雨频繁，因此与中国气象局武汉暴雨研究所合作建立了"武汉暴雨研究所咸宁外场试验基地"。目前已有一批国内外先进的探测设备〔如微波辐射计、GPS（移动）探空、GPS/MET、边界层风廓线雷达、对流层风廓线雷达、C波段双偏振多普勒雷达、毫米波测云雷达、雨滴谱仪、闪电定位仪、太阳辐射计、土壤水分监测仪、空气负离子监测仪等〕在此安家落户并投入运行观测。随着各种探测设备的不断投入运行和资料处理、分析平台的建设，咸宁国家观测站是具有空基、地基、星基立体探测功能的综合性探测台站，将成为我国梅雨锋检测试验的重要基地。

实习内容：

（1）视听全国天气会商过程。

（2）学习咸宁市天气预报过程。

（3）熟悉气象要素观测仪器及其工作原理。

（4）观测气温、湿度、气压、风速等基本天气要素。

教学安排：

（1）上午7∶45到气象局大楼。

（2）8∶00—8∶30，听全国天气会商。

（3）8∶35—10∶00，视听咸宁市天气预报制作过程。

（4）10∶00—12∶00，咸宁国家气象站熟悉气象观测仪器工作原理。

（5）下午2∶30—5∶30，分组观测基本气象要素。

（6）撰写实习报告。

实习要求：

（1）按时到达气象局大楼，有序乘坐电梯。

（2）天气会商期间，保持安静。

（3）听完咸宁市天气预报的制作过程，应积极提问。

（4）遵守气象观测站相关规定，避免嬉闹，分组有序观测。

(5) 认真做好记录（包括照片和影像）。

采用方法：观测法、讲授法。

实习用品：铅笔、橡皮、记录表、草帽、笔记本、相机（或手机）、手持扩音器。

可能存在的问题：

(1) 一些学生跟不上实习步骤。

(2) 一些仪器实现完全自动化观测，传统人工观测方法无法实行。

思考：

(1) 咸宁天气预报过程。

(2) 夏季影响咸宁的主要天气系统是什么。

(3) 什么是大气层结？

(4) 咸宁地区为什么暴雨频繁？

第三节　九宫山山地气候观测实习

实习路线四

九宫山自然保护区—铜鼓包

实习目的：了解山地气候变化特征。

实习点概述：九宫山自然保护区（图8-3）位于湖北省咸宁市通山县南部地区，南与江西省武宁县接壤，西与崇阳县相交，北与通山县的横石潭镇相连，东与通山县的太平山林场相接，属幕阜山系九宫山脉中段，地理坐标为E114°23′35″—E114°43′24″，N29°19′27″—N29°26′52″，海拔117~1656m，鄂南第一峰老鸦尖为保护区的最高点。从九宫山自然保护区至铜鼓包有两条公路，一条从九宫山自然保护区沿环山公路经铜鼓包（西线），另一条经黄沙镇、夏铺镇、九宫镇门票收费站，经九宫镇至铜鼓包（东线）。

图8-3　九宫山地形（来源：Google earth）

九宫山自然保护区地处中亚热带，气候类型属中亚热带季风气候。主要气候特点是四季分明：春季多变，阴晴不定；夏季湿热；秋高气爽；冬季干冷。全年雨量充沛，日照充分，无霜期长，雨热同季，多暴雨山洪。此外，具有较为显著的山地气候特征。九宫山中高山地区的日照时数及辐射量高于低山河谷地区。九宫山自然保护区年平均气温由南向北逐渐增加，年平均气温地区差异大，由南向北年平均气温由8.8℃逐渐增加至16.7℃；同一山体，通常南坡比北坡温度高2～7℃；不同地形区的年平均气温亦有明显差异。九宫山自然保护区平常年份积温低于平原河谷地区，日平均气温稳定通过10℃、15℃、20℃的初日随海拔增高而推迟，海拔平均每上升100m，初日推迟3～4d；终日则随海拔升高而提前，海拔平均每升高100m终日提前4d左右。

实习内容：
(1) 气压、温度、湿度随海拔变化。
(2) 迎风坡与背风坡气温、湿度、风速变化。
(3) 实测山风与谷风。

教学安排：
(1) 观测气压、气温、湿度随海拔上升的变化。将学生分为10组，由山脚至铜鼓包海拔每上升100～150m设置1个观测点，每组3～4人。如在西线以自然保护区站前广场为起始点，在东线则以门票收费站前广场为起始点。由教师确定在某一时间内同时进行观测，用手持GPS确定经纬度和海拔，用气压、气温、湿度仪测定并记录观测点相应气象要素值。观测3min，以多次记录气象要素值平均值作为测点值。记录完成后，在原地等候接送车辆。各组上报数据并整理，利用绘图纸或电脑绘制各气象要素变化曲线，并进行拟合，得到各气象要素值随海拔变化的规律。

(2) 实测迎风坡与背风坡气象值。以九宫山铜鼓包处山体为对象，通过在山体阳面与阴面不同海拔处各布置5个观测点分别观测气温、湿度、风速的变化。学生分成10组，每组4人，1人观测，1人记录，1人拍摄，1人负责安全提示。观测记录汇总整理，分析展示迎风坡与背风坡气象值差异及其变化规律。

(3) 实测山风与谷风。以九宫镇为对象，通过九宫镇这一盆地与周边山体间的构件关系，围绕云中湖环湖公路布设4～5个观测点，通过日（11：00—14：00之间）与夜（9：00—10：00）之间不同点风向、风速观测值实现对山风与谷风的认识。将学生分成4～5组，环湖均匀展开，利用风向风速仪记录30min内风向风速的变化，用玫瑰图整理不同风向的风速频率。

实习要求：
(1) 教师须前期勘察全线，确定观测点位。
(2) 按时到达指定地点。
(3) 将仪器提前充好电，统一调制仪器参数。
(4) 测量仪器应避开日光直接照射。
(5) 尽可能在无车辆通行时进行测量。
(6) 风向风速仪应准确使用。
(7) 测点应安排在顺直公路旁，不能设于公路拐角处。

（8）避免嬉闹，着重强调安全。
（9）认真做好记录（包括照片和影像）。

采用方法：观测法、绘图法、数学建模。

实习用品：铅笔、橡皮、记录表、草帽、笔记本、相机（或手机）、风向风速仪、手持GPS、气温、气压、湿度综合测量仪、柴刀。

可能存在的问题：
（1）迎风坡背风坡林木盖度较大找不到合适的观测点。
（2）仪器设置参数未统一。

思考：
（1）九宫山气温随海拔变化规律。
（2）云中湖为什么多雾。
（3）山地为什么多云海。

植物地理学与土壤地理学实习篇

第九章　生物与环境

生物与环境是一个统一整体。生物地理学的野外实习，主要是通过地植物学野外调查方法，了解植物群落的基本特征、认识生物与环境之间的关系、认识植物群落与环境之间的相互关系及其变化规律。

第一节　生物与环境的相互影响

一、环境对生物的影响

各种生物都生活在一定的地理环境中，环境影响生物的生长发育、形态结构和生理特征。

二、生物对环境的影响

生物的产生和发展不断改造着大气圈、水圈和岩石圈，因此，生物是地理环境形成的重要因子。生物与环境是一个相互作用、相互依存的统一整体；一方面，在与环境不断地进行物质和能量交换的过程中，生物也在建造自身；另一方面，生物也随时对环境的变化产生不同的反应和多种多样的适应。

第二节　环境与生态因子

环境是指某一特定生物体或生物群体周围一切的总和，包括空间及直接或间接影响该生物或生物群体生存的各种因素。环境因子是指构成环境的各种要素。生态因子是指环境中对生物的生长、发育、生殖、行为和分布有着直接或间接影响的环境要素。生态因子是环境因子中对生物起作用的因子，而环境因子则是指生物体外部的全部要素。生态因子包括：
(1) 气候因子，如光、温度、水分、空气、雷电等。
(2) 土壤因子，包括土壤结构、理化性质及土壤生物等。
(3) 地形因子，如海拔高低、坡度坡向、地面的起伏等。
(4) 生物因子，指与植物发生相互关系的动物、植物、微生物及其群体。
(5) 人为因子，指对植物产生影响的人类活动。
生态因子作用具有的综合性、非等价性、不可替代性和互补性，以及限定性特征。

第三节　植物的环境

植物的环境是指植物生活空间的外界条件的总和。它不仅包括对种植物有影响的各种自然环境条件，而且还包括生物对它的影响和作用。

植物的环境首先可分为自然环境和人工环境两种。

一、自然环境

植物的自然环境，主要指大气圈、水圈、岩石圈和土壤圈4个自然圈，其中土壤圈是半有机环境。在这4个圈层的界面上，构成了一个有生命的、具有再生产能力的生物圈。植物层（地球植被）则是生物圈的核心部分。

二、人工环境

人工环境有广义和狭义之分。广义的人工环境包括所有的栽培植物及其所需的环境，还有人工经营管理的植被等，甚至包括自然保护区内的一些控制、防护等措施。狭义的人工环境指的是人工控制下的植物环境，如人工温室等。

三、植物与光的关系

1. 光质对植物的影响

光质即光谱成分。它的空间变化规律是短波光随纬度增加而减少，随海拔升高而增加；长波光则与之相反。不同波长的光对植物有不同的作用。植物叶片对太阳光的吸收、反射和透射的程度直接与波长有关，并与叶片的厚薄、构造、绿色的深浅，以及叶表面性状的不同而异。如叶子对红、橙、蓝光吸收较多，而对绿光反射较多；厚叶片透射光的比例较低。

2. 光照强度对植物的影响

光照强度的空间变化规律是随纬度和海拔增加而逐渐减弱，并随坡向和坡度的变化而变化。光照强度对植物生长与形态结构的建成有重要的作用，如植物的黄化现象。光照强度同时也影响植物的发育，在开花期或幼果期，如光照强度减弱，也会引起结实不良或果实发育中止，甚至落果。光对果实的品质也有良好作用。根据植物与光照强度的关系，可以把植物分为阳性植物、阴生植物和耐阴植物三大生态类型。阳性植物和阴性植物在植株生长状态、茎叶等形态结构及生理特征上都有明显的区别。

3. 日照长度对植物的影响

日照长度是指白昼的持续时数或太阳的可照时数。植物的开花具有光周期现象，日照长度对它起决定性的作用。日照长度还对植物休眠和地下贮藏器官形成具有明显的影响。根据植物（开花过程）与日照长度的关系，可以将植物分为4类：长日照植物、短日照植物、中日照植物和中间型植物。

第四节　植物与温度的关系

一、节律性变温对植物的影响

节律性变温就是指温度的昼夜变化和季节变化两个方面。昼夜变温对植物的影响主要体现在：能提高种子萌发率，对植物生长有明显的促进作用，昼夜温差大则对植物的开花结实有利，并能提升果实品质。此外，昼夜变温能影响植物的分布。

二、极端温度对植物的影响

极端高低温值、升降温速度和高低温持续时间等非节律性变温对植物也有着极大的影响。

1. 低温对植物的影响

温度低于一定数值，植物便会因低温而受害，这个数值便称为临界温度。在临界温度以下，温度越低，植物受害越重。低温对植物的伤害，据其原因可分为冷害、霜害和冻害3种。

植物受低温伤害的程度主要决定于该种类（品种）抗低温的能力。对同一种植物而言，不同生长发育阶段，不同器官组织的抗低温能力也不同。

2. 高温对植物的影响

当温度超过植物适宜温区上限后，植物也会因受到高温伤害而生长发育受阻。特别是在开花结实期，植物最易受高温的伤害，并且温度越高，对植物的伤害作用越大。高温可减弱光合作用，增强呼吸作用，使植物的这两个重要过程失调，植物因长期饥饿而死亡。高温还可破坏植物的水分平衡，加速生长发育，促使蛋白质凝固并导致有害代谢产物在体内积累。

3. 温度对植物分布的影响

由于温度能影响植物的生长发育，因而亦能制约植物的分布。影响植物分布的温度条件有：年平均温度、最冷和最热月平均温度、日平均温度的累积值、极端温度（最高、最低温度）。低温对植物分布的限制作用比高温更为明显。当然温度并不是唯一限制植物分布的因素，在分析影响植物分布的因素时，要考虑温度、光照、土壤、水分等因子的综合作用。

第五节 植物与水的关系

水对植物的影响是通过不同形态、数量和持续时间3个方面的变化来实现的。一般而言，在低温地区和低温季节中，植物吸水量和蒸腾量小，生长缓慢；反之亦然，此时必须供应更多的水才能满足植物对水的需求以获得较高的产量。

水对植物的不利影响可分为旱害和涝害两种。旱害主要是由大气干旱和土壤干旱引起的，它使植物体内的生理活动受到破坏、水分失衡。轻则使植物生殖生长受阻、产品品质下降和抗病虫害能力减弱，重则导致植物长期处于萎蔫状态而死亡。植物抗旱能力的大小，主要取决于涝害形态和生理两方面。

第六节 植物与土壤的关系

土壤是岩石圈表面的疏松表层，是陆生植物生活的基质。它提供了植物生活必需的营养和水分，是生态系统中物质与能量进行交换的重要场所。由于植物根系与土壤之间具有极大的接触面，土壤和植物之间进行着频繁的物质交换，彼此强烈影响，因而土壤是植物的一个重要生态因子，通过控制土壤因素就可影响植物的生长和产量。肥沃的土壤能同时满足植物对水、肥、气、热的要求[①]，是植物正常生长发育的基础。

一、土壤物理性质对植物的影响

1. 土壤质地

土壤质地主要有砂土类、黏土类、壤土类3种。

（1）砂土类土壤黏性小，孔隙多，通气透水性强，蓄水和保肥性能差，易干旱。

（2）黏土类土壤质地黏重，结构致密，保水保肥能力强；但孔隙小，通气透水性能差，湿时黏、干时硬。

（3）壤土类土壤质地比较均匀，既不松又不黏，通气透水性好，并有一定的保水保肥能力，是比较理想的农作土壤。

2. 土壤水分

土壤中的水分能直接被植物根系所吸收。土壤水分的适量增加有利于各种营养物质的溶解和迁移，有利于磷酸盐的水解和有机态磷的矿化，这些都能改善植物的营养状况。土壤水分还能调节土壤温度，但水分过少或过多都会影响植物的生长。水分过少会使植物面临干旱的威胁及缺氧；水分过多会使土壤中的空气流通不畅并使营养物质流失，从而降低土壤肥力，或使有机质分解不完全而产生一些对植物有害的还原物质。

3. 土壤空气

土壤中空气的成分与大气中的不同，且不稳定。土壤空气中的含氧量一般只有10%～12%，在土壤板结或积水、透气性不良的情况下，可降到10%以下，此时会抑制植物根系的呼吸，从而影响植物的生理功能。土壤空气中CO_2含量比大气中高几十倍至几百倍，在通气透水性良好的土壤中为0.1%左右，其中一部分可扩散到近地面的大气中被植物叶子光合作用时吸收，一部分可直接被根系吸收；在通气透水性不良的土壤中，CO_2的浓度常可达10%～15%，不利于植物根系的发育和种子萌发，CO_2的进一步增加还会对植物产生毒害作用，破坏根系的呼吸功能，甚至导致植物窒息死亡。

4. 土壤温度

土壤温度直接影响植物种子的萌发和实生苗的生长，并间接影响植物根系的生长、呼吸和吸收能力。在10～35℃的范围内，大多数植物的生长速度随温度的升高而加快。土壤温度太高不利于根系或地下贮藏器官的生长。土壤温度太高或太低都能减弱根系的呼吸能力。此外，土壤温度对土壤微生物的活动、土壤气体的交换、水分的蒸发、各种盐类的溶解度及腐殖质的分解都有显著影响，而这些理化性质与植物的生长有密切关系。

---

① 土壤及时满足植物对水、肥、气、热要求的能力，称为土壤肥力。

二、土壤化学性质对植物的影响

1. 土壤酸碱度

土壤酸碱度对土壤养分的有效性有重要影响,在土壤 pH 值为 6~7 的微酸条件下,土壤养分有效性最高,最有利于植物生长。在酸性土壤中易引起 P、K、Ca、Mg 等元素的短缺,在强碱性土壤中易引起 Fe、B、Cu、Mn、Zn 等的缺乏。土壤酸碱度还能通过影响微生物的活动来影响养分吸收的有效性和植物的生长。酸性土壤一般不利于细菌的活动,真菌则较耐酸、碱。土壤 pH 值为 3.5~8.5 是大多数维管束植物的生长范围,但其适宜生长范围要比此范围窄得多。在土壤 pH 值大于 3 或小于 9 时,大多数维管束植物便不能生存。

2. 土壤有机质

土壤有机质是土壤的重要组成部分,包括腐殖质和非腐殖质两大类。其中腐殖质是土壤微生物在分解有机质时重新合成的多聚体化合物,占土壤有机质的 85%~90%,对植物的营养有重要的作用。土壤有机质能改善土壤的物理性质和化学性质,有利于土壤团粒结构的形成,从而促进植物的生长和对养分的吸收。

3. 土壤中的无机元素

植物从土壤中摄取的无机元素,其中有 13 种对其正常生长发育都是不可缺少的(营养元素):N、P、K、S、Ca、Mg、Fe、Mn、Mo、Cl、Cu、Zn、B。它们主要来自土壤中的矿物质和有机质的分解。腐殖质是无机元素的储备源,通过矿化作用可缓慢释放出可供植物利用的元素。

第十章 九宫山自然保护区植被与土壤概况

九宫山位于中亚热带季风气候区，鄂东南幕阜山脉中段北麓，年平均气温13.4℃，四季分明。区内雨量极其充沛，年平均降水总量达1400～2000mm。九宫山自然保护区是幕阜山脉中水资源最为丰富的地区。独特的地形地貌特征和丰沛的降水造就了九宫山地区发育和保存完好的自然植被，保护区内森林覆盖率达到了90.64%，居全国自然保护区前列。

第一节 九宫山保护区植被

九宫山正处于华中植物区系、西南植物区系和华东植物区系的交会点，其种子植物区系在种水平上以华东植物区系成分为主，在科、属水平上受华中植物区系影响强烈，同时具有较为丰富的西南成分，是中亚热带向北亚热带过渡的典型区域。区内自然植被保存良好。由于水热条件充裕，其植物种类丰富，植被类型多样。九宫山自然保护区植被以森林植被为主，尤以落叶常绿阔叶混交林占地面积大；草丛不甚发育，主要在溪边、林缘零星分布，在山顶呈斑块状分布。由于海拔的变化使水热条件重新分配，尤其是热量的垂直差异变化明显，山地植被与土壤类型也相应地呈现出垂直地带性规律。

一、九宫山植被垂直分布

九宫山自然保护区植被的垂直分布特征如表10-1所示。

表10-1 九宫山自然保护区植被垂直分布特征（据王青锋等，2002）

植被类型带		海拔	主要组成树种	土壤类型
常绿落叶混交林带		500m以下	常绿：苦槠、鹿角杜鹃、包槲石栎等； 落叶：化香、蜡瓣花等； 竹类：毛竹等； 针叶：马尾松等	红壤
落叶常绿阔叶混交林带	竹林 暖温性针叶林 落叶常绿阔叶混交林	500～850m	落叶：鹅耳枥、化香、映山红等； 常绿：青冈栎、甜槠等； 针叶：黄山松等	黄红壤
	温性针叶林 落叶常绿阔叶混交林	850～1300m	落叶：锥栗、白檀、新木姜子、化香等； 常绿：水丝梨、交让木等； 针叶：黄山松等	黄棕壤
落叶阔叶林带		1300～1500m	落叶：短柄枹、茅栗、鹅耳枥、锥栗等； 针叶：黄山松等	山地矮灌草甸土
灌草丛带		1500～1656m	落叶：黄山榆栎、水马桑、短柄枹、白茅等	山地矮灌草甸土

海拔在 300m 以下的区域为农业耕作区，主要种植水稻、小麦、红薯、油菜、玉米、黄豆、花生、芝麻等。在低丘山坡区，植被有株树、樟树、马尾松、杉树、柏树等用材林木和油茶、茶叶、柑橘、油桐等经济林木。在 300~500m 之间的高丘区，主要树种为苦株、栎类、楠竹、樟树、香椿、枫树、马尾松、杉树、油茶、棕榈、茶叶等，尤以楠竹、杉树生长量大；草本有蕨类。在 500~800m 之间的低山区，主要树种有樟树、株树、茶树、枫树、马尾松、杉树、楠竹、香椿、化香、胡枝子等，尤以杉树、楠竹生长最茂；草本有蕨类。海拔 800m 以下为暖性针叶林和常绿阔叶林带。海拔 800~1200m 为常绿阔叶—落叶阔叶、针叶混交林带。常绿阔叶林树种主要为苦株、青冈栎、绵柯小丝梨、甜株等，常绿阔叶—落叶阔叶林树种有绵柯、甜株、短柄桤、锥栗、水丝梨、百辛树等。落叶阔叶林树种有鹅掌楸、锥栗和香果树等；竹林有温型的冷箭竹，暖性的毛竹、桂竹、刚竹和水竹等。海拔 1200m 以上为低禾型草灌丛（王青锋等，2002）。

二、九宫山自然保护区珍稀植物

区内分布的国家珍稀濒危保护野生植物达 33 种之多，如南方红豆杉、篦子三尖杉、鹅掌楸、楠木、青檀、银鹊树、香果树、钟萼木、紫茎、白辛树、红椿等（表 10-2、表 10-3）。在这些稀有且珍贵的植物中，属国家重点保护的野生植物有 24 种，国家珍贵树种 15 种，国家珍稀濒危植物 25 种。尤为突出的是国家二级重点保护野生植物鹅掌楸、红椿及国家一级珍贵树种香果树在该区均有相当规模的分布，鹅掌楸的种群面积达 12.8hm^2（1hm^2=10 000m^2），香果树和红椿则分别达到了 18.5hm^2 和 12.5hm^2。九宫山自然保护区还是南方红豆杉、短萼黄连、秤锤树等国家珍稀濒危保护植物在湖北省的唯一或最主要的分布区，具有十分重要的保护价值。

表 10-2　九宫山自然保护区珍稀濒危植物统计表（据王青锋等，2002）

类群	科	属	种
裸子植物/种	2	3	3
被子植物/种	21	27	30
合计/种	23	30	33
占湖北省比例/%	71.88	63.83	62.26
占全国比例/%	23.47	12.3	8.51

第二节　土壤概况

根据我国土壤地理分区，九宫山自然保护区土壤划分为江南红壤、黄壤、水稻土区。土壤分布受各种成土条件的综合影响，呈现出一定的规律性。按经纬度变化，土壤分布呈水平地带性；按海拔变化，土壤分布呈垂直地带性；受水文、地质和地形影响，则表现为地域性。在保护区，此 3 种变化均有体现，尤以后两种变化为主。

土壤剖面是在成土因素不断影响下逐渐产生层次分化所表现出来的一种纵向变化现象，是区分土壤类型的依据。土体在向外界进行物质和能量交换过程中，其内部物质发生迁入迁出、上升下降、分散集中、分解合成等层次变异,并通过其剖面形态、剖面构型和诊断层而反映出来。根据土壤剖面发生层分化特点及其相互排列的关系可分出各种不同的土壤类型。

表 10-3 九宫山自然保护区珍稀濒危植物名录(据王青锋等,2002)

分类	植物名录	受威胁程度①	保护级别②	分类	植物名录	受威胁程度	保护级别
裸子植物	篦子三尖杉 Cephalotaxus oliveri	渐危	2	被子植物	凹叶厚朴 Magnolia officinalis sp. biloba	渐危	3
	金钱松 Pseudolarix amabilis	稀有	2		水青树 Tetracentron sinense	稀有	2
	大别山五针松 Pinus dabeshanensl	濒危	2		红椿 Toona ciliata	渐危	3
被子植物	八角莲 Dysosma versipellis	渐危	3		独花兰 Changnienia amoena	稀有	3
	伯乐树 Bretschneidera sinensis	稀有	2		天麻 Gastrodia elata	渐危	3
	永瓣藤 Monimpetalum chinense	稀有	2		黄连 Coptis chinensis	渐危	3
	连香树 Cercidiphyllum japonicum var. sinensis	稀有	2		短萼黄连 Coptis chinensis var. brevisepala	渐危	3
	杜仲 Eucommia ulmoides	稀有	2		香果树 Emmenopterys henryi	稀有	2
	核桃 Juglans regia	渐危	2		伞花木 Eurycorymbus cavaleriei	稀有	2
	天竺桂 Cinnamomum japonicum	濒危	3		银鹊树 Tapiscia sinensis	稀有	3
	天目木姜子 Litsea auriculat	濒危	3		白辛树 Pterostyrax psilophyllus	渐危	3
	楠木 Phoebe zhennan	渐危	3		秤锤树 Sinojackia xylocarpa	濒危	2
	野大豆 Glycine soja	渐危	3		箭根薯 Tacca chantrieri	渐危	3
	鹅掌楸 Liriodendron chinense	稀有	2		紫茎 Stewartia sinensis	渐危	3
	黄山木兰 Magnolia cylindrica	渐危	3		领春木 Euptelea pleiospermum	稀有	3
	厚朴 Magnolia offieinalis	渐危	3		青檀 Pteroceltis tatarinowii	稀有	3
					明党参 Changium smyrnioides	稀有	3

注:①受威胁程度从高到低依次为:稀有、渐危、濒危。
②保护级别分3级,从1~3,保护级别依次降低。

九宫山自然保护区属中亚热带,常绿阔叶林地带。土壤类型则相应地以红壤、黄棕壤为主。随着海拔升高,土壤垂直结构由低到高依次为红壤、山地黄棕壤、山地草甸土。

一、土壤分类

按《湖北省土壤分类暂行方案》九宫山自然保护区的土壤类型可分为5个土类,8个亚类,18个土属(表10-4)。

表10-4　九宫山自然保护区的土壤分类(据王青锋等,2002)

土类	亚类	土属
红壤	棕红壤	第四纪黏土类棕红壤
		泥质岩类棕红壤
		碳酸盐岩类棕红壤
		酸性结晶岩类棕红壤
	黄红壤	泥质岩类黄红壤
		碳酸盐岩类黄红壤
		酸性结晶岩类黄红壤
	红壤性土	碳酸盐岩类红壤性土
		泥质岩类红壤性土
黄棕壤	山地黄棕壤	泥质岩类黄棕壤
		酸性结晶岩类黄棕壤
		碳酸盐岩类黄棕壤
石灰土	棕色石灰土	棕色石灰土
草甸土	山地草甸土	山地草甸土
水稻土	淹育性水稻土	浅红壤性泥质岩类泥田
		浅红壤性碳酸岩类泥田
	潴育性水稻土	红壤性碳酸岩类泥田
		红壤性泥质岩类泥田

1. 红壤

红壤属中亚热带森林地区的地带性土壤,分布在低海拔(800m以下)排水良好的低山缓坡丘陵台地,土层稳定。由于受高温、干湿季节明显的亚热带生物气候影响,富铝脱硅明显,表土层SiO_2含量达54%,Fe_2O_3达10%。Al_2O_3达20%。本区土壤剖面显示明显的淋溶淀积等层次黏粒下移,一般较表层高20%。表土层为灰棕色,心土层为棕红色—黄红色,底土层为棕红色—黄红色。剖面构型为A—B—C—D型,pH值一般为5~6,盐基饱和度低于35%,黏粒部分硅、铁、铝率小于2.0%。主要成土母质为泥质岩类、红砂岩类、碳酸岩岩类、酸性结晶岩类、第四纪红色黏土。本区红壤有棕红壤、黄红壤和红壤性土3个亚类,9个土属。

(1)棕红壤。分布于海拔500m以下的低丘岗地地段。主体构型为A—B—C型。表土层多呈棕色，心土层棕红色，底土层常有红白镶嵌的蠕虫状网纹。表土层的有机质含量一般为 1.0%～3.0%。该亚类划分为 4 个土属：第四纪黏土类棕红壤、泥质岩类棕红壤、碳酸盐岩类棕红壤、酸性结晶岩类棕红壤（表 10-5）。

表 10-5　酸性结晶岩类棕红壤剖面的物理化学性质（据王青锋等，2002）

取样深度/cm	有机质含量/%	全量/%			代换量/(me/100g)	盐基饱和度/%	速效/×10⁻⁶			机械组成/%		
		N	P	K			N	P	K	>0.05 mm	0.01～0.05mm	0.005～0.01mm
0～14	1.540 4	0.068 0	0.032 8	1.746 6	5.20	32.31	62.45	2.25	126.30	72.46	6.68	3.97
14～55	0.969 6	0.058 6	0.027 2	1.693 8	4.67	31.26	51.53	0.62	40.25	73.83	7.40	2.37
55～100	0.907 2	0.056 3	0.028 3	1.960 9	6.24	16.19	53.75	0.52	27.37	64.71	7.74	4.53

（2）黄红壤。红壤向黄棕壤过渡的土壤类型。在较好的森林植被下，表土层一般有 5cm 左右厚的枯枝落叶层，土壤中的 Fe 有明显的水化现象，表土层为黄色，而心土层仍为红色。处于海拔 500～800m 的低山地段。分 4 个土属：泥质岩类黄红壤（表 10-6）、碳酸盐岩类黄红壤、石英岩类黄红壤、酸性结晶岩类黄红壤（表 10-7）。

表 10-6　泥质岩类黄红壤剖面的物理化学性质（据王青锋等，2002）

取样深度/cm	pH 值	有机质含量/%	全量/%			代换量/(me/100g)	盐基饱和度/%	机械组成/%		
			N	P	K			>0.05 mm	0.01～0.05mm	0.005～0.01mm
13	5.4	2.495 4	0.107 3	0.020 3	0.720 3	9.98	50.60	64.42	11.76	5.71
13～31	5.5	1.593 6	0.087 1	0.020 7	0.838 7	8.03	43.71	64.64	12.07	7.16
31～45	5.5	1.258 7	0.084 9	0.024 1	1.019 3	7.46	34.85	60.49	10.79	9.20

表 10-7　酸性结晶岩类黄红壤的物理化学性质（据王青锋等，2002）

取样深度/cm	pH 值	有机质含量/%	全量/%			代换量/(me/100g)	盐基饱和度/%	机械组成/%			
			N	P	K			>0.05 mm	0.01～0.05mm	0.005～0.01mm	0.001～0.005mm
0～8	5.4	1.655 0	0.086 1	0.042 0	1.823 2	6.17	0.81	70.67	8.67	3.27	7.04
8～40	5.6	0.436 3	0.033 4	0.024 8	1.912 6	4.56	8.99	67.55	10.15	3.69	8.92

2. 黄棕壤

黄棕壤是在北亚热带生物气候条件下形成的地带性土壤。在暖湿气候条件下，在土壤的形成过程中，原生矿物形成次生矿物，表现明显的是黏土作用和氧化铁的水化作用。心土层质地黏重，呈棱块状结构。有机质分解顺利，分解产物经淋溶下移形成较发育的腐殖质层（A_1）和淋溶层（A_2），使上部土层呈明显棕色，而下部土层呈黄色。

黄棕壤物理化学性质表现为腐殖质积累作用不强烈，表土层（A）的有机质含量一般为 10% 以上，向下锐减；腐殖质的组成以富里酸居多，活性富里酸的含量较高，土壤呈微酸性—酸性，pH 值为 4.3~5.5；盐基饱和度在 40% 以上。在本区垂直带中，黄棕壤为山地黄壤与山地棕壤之间的一个过渡类型。黄棕壤处于红壤土类黄红壤亚类的垂直高度之上，海拔在 800m 以上，主要植被为常绿阔叶—落叶阔叶混交林，优势树种有斑竹、马尾松、黄山松、杉树、柳、台湾松、青冈栎、五角枫、株树、椴树等。本区山地黄棕壤腐殖质层较厚，有机质的积累较黄红壤强，表土层的有机质含量可达 5% 以上，呈暗灰棕色、黑棕色，心土层呈棕色或黄棕色。成土过程中盐基淋失作用强，土壤呈酸性，阳离子代换量为 10me/100g 以下。本区黄棕壤有山地黄棕壤（表 10-8）1 个亚类，4 个土属。

表 10-8　山地黄棕壤剖面的物理化学性质（据王青锋等，2002）

母岩	取样深度/cm	pH值	有机质/%	全氮/%	全磷/%	全钾/%	代换量/(me/100g)	盐基饱和度/%	速效/×10⁻⁶ 氮 N	速效/×10⁻⁶ 磷 P	速效/×10⁻⁶ 钾 K	机械组成/% <0.001mm	机械组成/% 0.001~0.005mm	机械组成/% 0.005~0.01mm
泥砂岩类	0~17	5.0	2.850	0.135	0.027	0.706	9.22	17.35	95.94	0.94	64.30	4.30	10.96	5.26
	17~66	5.2	2.028	0.100	0.023	0.564	6.61	4.08	91.06	0.36	32.20	4.42	9.36	6.10
	66~100	5.1	2.630	0.117	0.034	0.811	10.62	18.27	104.70	0.15	24.69	7.30	13.89	8.90
石英质岩类	0~23	5.3	3.870	0.125	0.027	1.149	8.49	2.83	112.5	0.21	59.42	16.64	14.10	9.01
	23~43	5.4	1.080	0.075	0.020	1.323	9.53	10.70	56.7	0.22	51.77	26.75	16.01	7.69
	43~100	5.3	0.440	0.051	0.028	1.318	8.48	10.61	31.97	0.83	41.52	24.69	15.22	7.25

3. 石灰土

石灰土形成于亚热带温湿环境，但因成土母质的碳酸钙含量高，使土壤中盐基的淋溶过程大为减缓，所以很少发生脱硅富铝化作用，其主要的成土过程表现为碳酸钙的淋溶沉积，较强烈的腐殖质累积作用及矿物质（除碳酸盐类矿物外）的弱化学风化作用。

本区石灰土（表 10-9）只有棕色石灰土 1 个亚类及 1 个土属。棕色石灰土亚类的碳酸钙淋溶作用较强，一般土层上部无石灰反应，pH 值下部高于上部，表土层呈暗黄棕色—暗灰棕色，多为梭块状结构，土体中有铁锰胶膜或铁锰结核等淀积物。

表 10-9　石灰土剖面的物理化学性质（据王青锋等，2002）

土壤种类	取样深度/cm	pH值	有机质/%	全氮 N/%	全磷 P₂O₅/%	全钾 K₂O/%	代换量/(me/100g)	盐基饱和度/%	机械组成/% <0.001mm	机械组成/% 0.001~0.005mm
暗黄棕石灰土	0~8	6.5	2.872 9	0.182 5	0.028 0	1.133 1	16.60	91.33	9.46	13.07
	8~28	7.7	2.154 6	0.137 0	0.020 3	0.649 6	13.34	90.85	10.23	8.96
暗灰棕石灰土	0~22	6.5	7.509 5	0.415 1	0.143 5	1.928 8	30.02	100.0	18.25	24.14
	22~49	7.54	2.819 7	0.200 4	0.087 0	1.821 3	27.88	95.44	36.72	21.74

4. 草甸土

草甸土是直接受地下水浸润，在草甸植被下发育而成的半成土壤。本区草甸土分布于海拔1200m以上，为山地草甸土亚类，面积950亩，占山地面积0.033%，草甸植被主要为营茅、橘、草等一类禾本科植被，母质为花岗岩或千枚岩（表10-10）。由于气温低、湿度大，表土层有机质富集，含量高达6%以上，表土层疏松，颜色暗棕或黑棕。

表10-10 草甸土剖面的物理化学性质（据王青锋等，2002）

母岩	土壤层次	土壤厚度/cm	pH值	有机质/%	全氮/%	全磷P_2O_5/%	全钾K_2O/%	代换量/(me/100g)	盐基饱和度/%
千枚岩坡积物	A	0~22	5.5	6.2157	0.3083	0.0697	1.2531	18.85	17.19
	C_1	22~76	5.8	1.2247	0.0936	0.0463	1.1267	8.69	11.62
	C_2	76~100	5.8	1.0080	0.1146	0.0434	1.2425	7.56	1.05

5. 水稻土

水稻土是指在长期淹水种稻条件下，受到人为活动和自然成土因素的双重作用，产生水耕熟化和氧化与还原交替，以及物质的淋溶、淀积，而形成特有剖面特征的土壤。

二、成土因子

1. 成土母质

成土母质对土壤的形成、土壤肥力的发生发展起着重要的作用，直接影响着土壤的机械组成、矿物质养分的含量、土壤酸碱度、土壤的抗蚀能力等。石灰岩类母质发育形成的土壤，一般质地黏重，结构不良，由于碳酸钙淋溶程度不同，土壤可呈酸性—中性—微碱性；砂页岩类母质发育形成的土壤，易风化，土层较厚，质地较轻，通透性好，养分含量较丰富，适应性广；花岗岩类母质发育形成的土壤，易产生水土流失；第四纪红色黏土母质发育形成的土壤，土层深厚，质地黏重，矿物养分贫瘠；近代河流冲积物母质发育形成的土壤，土层深厚，养分含量高，质地较轻；石英质岩类母质发育形成的土壤，质地轻，砂性重，矿物养分贫瘠。九宫山自然保护区成土母质类型繁多，对土壤的形成分布和物理化学性质都有明显的影响。

2. 地形地貌

地形地貌在土壤形成过程中所起的作用是多方面的。它直接影响土壤的水分、热量、机械组成和养分的再分配，同时，随海拔的变化，山地土壤呈明显的垂直带谱分布。

3. 植被因子

植被的多少对水土保持、土壤形成及土壤肥力发展均有重要的作用。增加植被则可提升土壤承受降水能力，减少水土流失，增加土壤含水量。同时，由于枯枝落叶和残存植物根系的腐烂分解和积蓄，经过生物积累，增加了土壤有机质和养分，可以改善土壤物理化学性质，提升土壤肥力。反之，植被破坏及不合理的利用，将造成水土流失，并导致整个生态系统的逆向演替（蔡朝晖等，2007）。

4. 气候

随着海拔的升高，气温逐渐下降，昼夜温差增大，相对温度增高，雾日增多，无霜期缩短。九宫山气象观察站资料表明，①海拔 500m 以下的地区，年均气温 14.4～15.4℃，≥10℃的日数为 149～271d，积温 3745～4321℃；②海拔 800～1200m 的地区，年均气温 10.7～12.3℃，≥10℃的日数为 149～163d，积温 3190～3745℃；③海拔 1200m 以上的地区，≥10℃的日数为 160d 左右，积温 2990℃，蒸发量达 1250mm，空气湿度大，云雾多，雨量丰沛。

这些生物气候条件的垂直变化，深刻地影响了九宫山自然保护区土壤的形成和分布。

第十一章 植物群落调查法

第一节 植物群落样地调查法

植物群落样地调查法是地植物学最基本的研究方法，获得的资料详细可靠，可以作为其他调查方法精确程度的对照依据。

一、样地的设置与群落最小面积的调查

1. 样地的选择

在大面积的植物群落里，不可能对所有地段都进行调查，一般采取抽样调查的方法。选择样地时应先对整个群落进行宏观的了解，然后选择植物生长比较均匀且有代表性的地段作为样地，用绳子或事先做好的框架圈定。样地不要设在两种不同群落的过渡区，其生存环境应尽量一致。

2. 样地的形状

样地多采用长方形或正方形，称为样方；也可采用圆形，称为样圆。长方形样地的长边方向以平行等高线为宜，否则会因高差过大，而造成生存环境上的差异。

3. 样地面积大小

样地面积大小取决于植被群落类型，在草本群落中，起始样方面积一般为 10cm×10cm；在森林群落中，则为 5m×5m。一般采用逐步扩大样方面积的方法，先找出群落最小面积，然后根据群落最小面积来确定。首先登记起始样方中的所有植被种类，然后按着一定顺序扩大样地边长，每扩大一边，登记一次新增加的植被种类，直到基本不再增加植被新种类为止，最后绘制植被种类面积曲线图。在曲线由陡变缓处的相应面积就是群落最小面积。

表 11-1 为群落最小面积调查记录表样式示例。

表 11-1 群落最小面积调查记录表样式示例

样地面积/m²	1	2	4	6	8	…
种名						
增加的种数						
累计种数						

4. 样地数目

如果群落结构复杂，植物分布不规则，样地数目应适当增加；如果植物群落内部分布均

匀，结构较简单，样地数目可适当减少。另外，样地数目还取决于研究的精度。

二、样地调查的内容和方法

确定样地后，先在地形图上找出样地的位置，然后填写植被群落野外调查记录表（表 11-2）。

表 11-2 植被群落环境条件调查记录表

样地编号：_____ 样地面积：_____ m² 调查时间：_____年_____月_____日 调查者：_____

地理位置	
GPS 数据	
群落类型和名称	
地形	
地质	
土壤	
湿度条件及地下水	
死地被物	
群落周围环境	
人类及动物影响	
植被动态	
其他	

1. 环境条件调查

群落环境条件记录调查表（表 11-2）包括以下要素。

地理位置：写明省、县、乡、村等名称，具体样地位置应尽量确切。

GPS 数据：根据 GPS 所测，记录准确的经纬度和高程数据。

群落名称：用群丛命名方法。根据各层的优势物种进行命名，不同层次用"-"相连，如果某一层中有 2 个优势种，可用"+"相连，如蒙古栎+黑桦-胡枝子-万年蒿群丛。

地形：记录海拔、坡高、坡度、地形起伏及侵蚀状况等。

地质：记录出露岩层的地质时代、岩石类型。

土壤：记录土壤剖面特征、质地、结构及土壤类型。

温度条件及地下水：记录地表土壤湿润情况及地下水的埋深情况。

死地被物：记录枯树落叶层（包括腐烂和未腐烂的枯枝落叶）的厚度。

群落周围环境：记录群落四周生存环境的情况，有助于分析相邻群落、村庄、道路、河流等对该群落的影响。

人类及动物的影响：记载是否有砍伐、栽种、放牧和火灾，以及野生动物活动状况等。

植被动态：通过调查后，分析此群落发展的动态情况。

2. 乔木层调查

群落乔木层调查通常采用每木调查法。调查前应对乔木层的总体情况进行记载，并弄清其种类组成。对不能识别的种类，其名称可用号码代替，但必须采集标本并编上相应号码后带回，以供鉴定。群落乔木层每木调查的项目见表11-3。

表 11-3　群落乔木层调查记录表

调查者：　　　　调查日期：　　　　样地编号：　　　　样地面积：　　m²

层高度（m）/盖度（%）　　　　　　　　　分层：Ⅰ　　Ⅱ　　Ⅲ

群落类型：　　　　　　　　　　　　　群落名称：

序号	植物名称	样方号	亚层	盖度/m	枝下高/m	冠幅/m	胸径/m	聚生度	物候期	生活力	生活型	备注

盖度：用目测估计法估计林冠间露出天空的面积比例，如林冠间露出天空的面积占样地面积的3/10，则该林冠盖度为70%。

枝下高：用目测法估计自地面到第一个大枝条伸出处的高度。

胸径：胸高直径，以"厘米（cm）"为单位，可用钢卷尺或轮尺测量植株离地面1.3m高处的树干直径。

树高：用目测法估计样地内树木离地高度。

聚生度：植被在群落中成群生长的特征，也叫群聚度。分以下5级：①单株散生生长；②几个个体成小群生长；③很多个体成大群生长并散布成小片；④成片或散生的簇状生长；⑤大面积簇生，几乎完全覆盖样地。记录时可用序号①~⑤代表。

物候期：植物所处的发育阶段。①营养期——植物处在生长阶段；②蕾期——植物长出茎和梗，花蕾出现；③花期——植物处在花盛开时期；④花后期——植物处在花凋谢阶段；⑤嫩果期——植物花凋谢，但种子、果实尚未成熟；⑥果期——种子、果实已经成熟。

生活力：植被对环境的适应能力，一般是用3级表示。强（3）——完成整个生长发育阶段，生长正常；中（2）——仅能生长或有营养繁殖，但不能正常开花、结实；弱（1）——植被达不到正常的生长状态，营养体生长不良。

生活型：具有相似形态、结构特征的植物群，如乔木生活型、草木生活型等，是不同分类学单位间对各种环境的趋同适应现象。

3. 灌木层调查

灌木层的调查一般不采用每木调查法，而是先对灌木层的总体情况进行记载，确定总盖度（用百分数表示），然后记录各亚层的高度和盖度，并记录植物名称，再按表11-4的项目逐项进行调查记录。

表 11-4 群落灌木层/下木层调查记录表

调查者：　　　　　调查日期：　　　　　样地编号：　　　　　样地面积：　　　m²
层高度（m）/盖度（%）　　　　　　　分层：Ⅰ　　Ⅱ　　Ⅲ
群落类型：　　　　　　　　　　　　群落名称：

序号	植物名称	出现的小样方号码	亚层	株数或高度	盖度/%	树高/m		胸径/m		多度	物候相	生活力	生活型	起源		备注
						最大	优势	最大	优势					萌生	实生	

多度：某个植物种在群落中的个体数目。它的测定有两种方法：一是个体直接计算法；二是目测估计法。前者工作量大，一般多采用后者。目测估计法可有几种表示方法，但目前采用德氏（Drude）多度法表示，其等级如下：

Soc（Sociales），植株地上部分郁闭，形成背景化；

Cop3（Copiosae），植株很多；

Cop2（Copiosae），植株多；

Cop1（Copiosae），植株尚多；

Sp（Sparsac），植株数量不多，散生；

Sol（Solitarae），植株很少，极其稀疏；

Un（Unicum），在样地内只有1株。

4. 草本层调查

草本层与灌木层的调查方法基本相同，只是草本层的高度记录以"厘米（cm）"为单位，并且分别测量叶层高度和生殖枝高度①。群落草本层调查的项目见表11-5。

表 11-5 群落草本层调查记录表

调查者：　　　　　调查日期：　　　　　样地编号：　　　　　样地面积：　　　m²
层高度（m）/盖度（%）　　　　　　　分层：Ⅰ　　Ⅱ　　Ⅲ
群落类型：　　　　　　　　　　　　群落名称：

序号	植物名称	出现的小样方号码	亚层	多度	盖度	高度/cm		聚生度	物候相	生活力	生活型	备注
						叶层	生殖层					

5. 立木更新层调查

调查样地内树径不足2.5cm的苗木，包括形成乔木层和将来能够形成乔木层的各树种苗木。调查其更新情况及影响更新的原因，分析群落的发展和演替。立木更新层的调查方法

---

① 生殖枝高度是从茎基部到花序顶端的高度，叶层高度是从茎基到最上面叶层的高度。

与灌木层相同。通常情况下，可将两者一并调查，合称下木层调查。表中的"起源"一项应该调查更新苗是实生还是萌生。

6. 层间植被调查

层间植物调查的项目见表 11-6。

表 11-6　群落层间植被调查记录表

调查者：　　　调查日期：　　　样地编号：　　　样地面积：　　m²
群落类型：　　　群落名称：

序号	植物名称	类型			出现的小样方号码	数量或多度	树高/m	直径/cm	物候相	生活力	被附植物		分布情况		备注
		藤本	附生	寄生							名称	生活型	位置	方向	

各项调查均完成后，要对调查所得的原始资料进行整理和统计分析，填写植物群落汇总表，并对整个群落特征进行总评。

第二节　植物群落无样地调查法

植物群落样地调查法虽然界限清楚，数量准确，但要花费很多时间和人力。近年来，林地、灌丛调查多采用植物群落无样地调查法，效果较好。

无样地调查有多种方法，其中以中心点四分法的效果较好。这种方法对测点的确定是随机的。在群落地段内设置两条互相垂直的 X、Y 坐标线，线上各取一组随机数字，构成一系列随机点的坐标值，依次进行调查；或者在任意测线上随机决定若干测点。当该类群落在大范围内连续分布时，用后者比较方便。每个测点上划分 4 个象限（设想），在测线上补充一条通过测点垂直测线的线段，或在地段内部通过随机点作两条互相垂直的线。再从随机点的 4 个象限内各取距测点最近的植株作为取样对象。观测并按表 11-7 填写。

表 11-7　中心点四分法调查法

调查地点（或测线号）							
群落类型和名称							
调查者				调查日期			
随机点号	象限	树种或编号	点到树的距离/m	胸径/cm	冠幅①/m	生长状况（或高度）	
1	① ② ③ ④						
⋮	⋮	⋮	⋮	⋮	⋮	⋮	

---

① "冠幅"（树冠的直径）用目测法确定，记下纵向和横向两个直径中心。

最后计算以下数值：

(1) 随机点各自到植株距离（点株距）的总和（$\sum d$）。
(2) 平均点株距（$\overline{\sum d} = \sum d/$总株数 n）。
(3) 平均每株面积 $[MA = (\overline{\sum d})^2]$。
(4) 所有种的总密度（＝单位面积/MA，单位面积可以取 100m², 10 000m² 等）。
(5) 某个种相对密度（＝某个种株数 n_i/总株数 n, 其中 i 为种的个数）。
(6) （各种的）平均显著度（平均总断面积）$[＝$全部断面积总和（总显著度）$/n]$。
(7) 某个种的显著度（＝平均显著度×某个种的密度）。
(8) 某个种的频度（＝该种的测点数/测点总数）。
(9) 某个种的相对频度（＝某个种频度/各个种频度总和）。
(10) 某个种的重要值 $[＝$相对密度＋相对频度＋相对显著度（相对盖度）$]$。

第三节 频度法

频度是指群落中某种植物在各小样方内的出现率。频度调查能够反映出群落组成种在水平分布上是否均一，从而说明植物与环境或植物之间的某些关系。

测定频度时，至少要取 20~30 个小样方或小样圆。登记某种植物出现的次数，然后求出百分数。

$$F = \frac{r}{R} \times 100\%$$

式中：F——频度；

r——某种植物出现的次数；

R——小样地数。

为了调查方便，可用事先印好的表格进行登记，计算频度（表 11-8）。

表 11-8 样方植物频度调查表

编号：　　　　　　群落名称：

编号	植物名称	样方编号																					频度/%
		1	2	3	4	5	6	7	8	9	10	11	12	13	14	15	16	17	18	19	20	…	50

频度调查样地面积经验值为：乔木，100m²；灌木，16m²；小灌木和高草，4m²；草本，0.1~1m²。

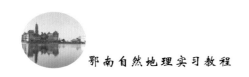

第十二章　土壤剖面野外观察及土壤标本采集的方法

第一节　实习目的

土壤的外部形态是土壤内在性质的反映。通过土壤的外部形态可以了解土壤的内在性质、初步确定土壤类型、判断土壤肥力高低，进而为土壤的利用改良提供初步意见。本实习在土壤基本形态观察的基础上，要求学生学习并掌握土壤剖面形态的观察与描述方法。

第二节　实习器材

卡片、皮尺、剖面刀、铅笔、塑料袋、标签、纸盒、土壤剖面记载表、文件夹。

第三节　实习内容

一、土壤剖面点的选择要求

土壤剖面点的选择要求如下：首先要有比较稳定的土壤发育条件，即具备有利于该土壤主要特征发育的环境，通常要求小地形平坦和稳定，土壤剖面在一定范围内应具有代表性；其次不宜选择在路旁、住宅四周、沟或粪坑附近等受人为扰动很大且没有代表性土壤类型的地方挖掘剖面。

二、土壤剖面的挖掘

土壤剖面一般是在野外选择典型地段挖掘，自然土壤的剖面大小要求长2m、宽1m、深2m（或达到地下水层），土层薄的要求挖到基岩；一般耕种土壤的剖面大小要求长1.5m、宽0.8m、深1m。

剖面挖掘注意事项：

（1）剖面的观察面要垂直并向阳，便于观察。

（2）挖掘的表土和底土应分别堆在土坑的两侧，不允许混在一起，以便看完剖面以后还能分层填回，不致打乱土层影响肥力，特别是农田更要注意。

（3）观察面的上方不应堆土或走动，以免破坏表层结构，影响剖面的研究。

（4）在垄作田要使剖面垂直垄作方向，使剖面能反映垄背和垄沟部位表层的变化。

（5）春耕季节，在稻田挖填土坑时一定要把土坑下层土踏实，以免拖拉机下陷和牛脚折伤。

三、划分土壤剖面发生学层次

土壤剖面由不同的发生学土层组成,称土体构型。土体构型的排列与其厚度是鉴别土壤类型的重要依据。划分土层时首先用剖面刀挑出自然结构面,然后根据土壤颜色、湿度、质地、结构、松紧度、新生体、侵入体、植物根系等形态特征划分层次,并用尺量出每个土层的厚度,分别连续记载各层的形态特征。一般土壤类型根据发育程度,可分为腐殖质聚集层(A)、过渡层(B)和母质层(C)3个基本发生学层次,有时还可见母岩层(D),当剖面挖好以后,首先根据形态特征,分出A、B、C层,然后在各层中分别进一步细分和描述。

土层细分时,要根据土层的过渡情况确定和命名过渡层:

(1) 根据土层过渡的明显程度,可分为明显过渡和逐渐过渡。

(2) 过渡层的命名,A层和B层的逐渐过程可根据主次划分为 A_B 或 B_A 层。

(3) 土层颜色不匀,呈舌状过渡,看不出主次,可用 AB 表示。

(4) 命名应反映淀积物质,如腐殖质淀积 B_h、黏粒淀积 B_t、铁质淀积 B_{ir} 等。

四、土壤剖面描述

按照土壤剖面记录表的要求进行描述:

(1) 记录土壤剖面所在地理位置;地形部位;母质;植被或作物栽培情况;土地利用情况;地下水深度;地形草图可画地貌素描图;地形剖面图要按比例尺画并注明方向;轮作施肥情况可向当地社员了解。

(2) 划分土壤剖面层次,记录厚度,按土层分别描述各种形态特征、土层线的形状及过渡特征。

(3) 进行野外速测,测定 pH 值,高铁、亚铁反应及石灰反应;填入剖面记录表。

(4) 最后根据土壤剖面形态特征及简单的野外速测,初步确定土壤类型名称,鉴定土壤肥力,提出土壤利用改良建议。

五、土壤剖面形态特征的描述

1. 土壤颜色

土壤颜色可以反映土壤的矿物组成和有机质的含量。土壤颜色可用门塞尔色卡进行对比确定。该比色卡的颜色命名是根据色调、亮度、彩度3种属性指标来表示的。使用比色卡注意以下几点:

(1) 比色时光线要明亮,不要在野外阳光直射下比色,室内最好靠近窗口比色。

(2) 土块应选择新鲜的断面,表面要平。

(3) 土壤颜色不一致,则对几种颜色都要进行描述。

2. 土壤湿度

通过观察土壤的湿度,能直观地了解土壤肥力特征,可分为干、润、湿润、潮润、湿5级。

(1) 干:土壤放在手中不感到凉意,吹之尘土飞扬。

(2) 润：土壤放在手中有凉意，吹之无尘土飞扬。

(3) 湿润：土壤放在手中有明显的湿的感觉。

(4) 潮润：土壤放在手中，使手湿润，并能捏成土团，但捏不出水，捏泥黏手。

(5) 湿：土壤水分过饱和，用手捏时，有水分流出。

3. 土壤质地

土壤中各种粒径土粒的组合比例关系叫土壤的机械组成。土壤根据其机械组成的近似性可划分为若干类别，这就叫质地类别。土壤质地对土壤分类和土壤肥力分级具有重要意义。在野外鉴定土壤质地通常采用简单的指感法（表12-1）。

表12-1 土壤质地指感法鉴定标准

序号	土壤质地（国际制）	土壤状态	干捻感觉	能否湿搓成球（直径1cm）	湿搓成条状况（2mm粗）
1	砂土	松散的单粒状	捻之有沙沙声	不能成球	不能成条
2	砂质壤土	不稳固的土块轻压即碎	有砂的感觉	可成球，轻压即碎，无可塑性	勉强成断续的短条，一碰即断
3	壤土	土块轻搓即碎	有砂质感，绝无沙沙声	可成球，压扁时边缘有多而大的裂缝	可成条，提起即断
4	粉砂壤土	有较多的云母片	有面粉的感觉	可成球，压扁，边缘有大裂缝	可成条，变成2cm直径圆时即断
5	黏壤土	干时结块，湿时略黏	干土块较难捻碎	湿球压扁边缘有小散裂缝	细土条弯成的圆环外缘有细裂缝
6	壤黏土	干时结大块，湿时黏韧	土块硬，很难捻碎	湿球压扁边缘有细散裂缝	细土条弯成的圆环外缘无裂缝压扁后有裂缝
7	黏土	干土块放在水中吸水很慢，湿时有滑腻感	土块坚硬，捻不碎，用锤击亦难粉碎	湿球压扁的边缘无裂缝	压扁的细土环边缘无裂缝

如果土壤中砾质含量较高，则要考虑用砾质含量来进行土壤质地分类，砾质含量的分级标准如表12-2所示。

表12-2 土壤质地砾质含量分级标准

砾质定级	砾质程度	含量占比①
非砾质性	极少砾质	5%
微砾质性	少量砾质	5%～10%
中砾质性	多量砾质	10%～40%
多砾质性	极多砾质	>40%

---

① 指粒径大于2mm砾石的含量占比。

4. 土壤结构

土壤结构是指土壤在自然状态下，经外力分开，沿自然裂隙散碎成不同形状和大小的单位个体。土壤结构大多按几何形状来划分，目前采用的结构分类标准如表12-3所示。

表12-3 查哈洛夫土壤结构分类表

类	型		种	大小①
Ⅰ类： 结构体三轴等长	（一）面棱不明显、形体不明显	块状	大块状	>10cm
			小块状	5～10cm
		团块状	大团块状	3～5cm
			团块状	1～3cm
			小团块状	<1cm
	（二）面棱显著、结构单位明显	核状	大核状	>10mm
			核状	7～10mm
			小核状	5～7mm
		粒状	大粒状	3～5mm
			粒状	1～3mm
			小粒状	0.5～1mm
Ⅱ类： 结构体沿垂直轴发育	（一）圆顶柱状		大柱状	>5cm
			柱状	3～5cm
			小柱状	<3cm
	（二）尖顶柱状、大棱柱状		大棱柱状	>5cm
			棱柱状	3～5cm
			小棱柱状	1～3cm
Ⅲ类： 结构体沿水平轴发育	（一）片状		片状	>5mm
			板状	3～5mm
			页状	1～3mm
			叶状	<1mm
	（二）鳞片状		泡沸状	>3mm
			粗鳞片状	1～3mm
			小鳞片状	<1mm

5. 土壤松紧度

土壤松紧度是反映土壤性状的指标（表12-4）。目前，测量土壤松紧度的方法，名词术语概念尚不统一。

---

① Ⅰ类（一）为直径大小，Ⅰ类（二）和Ⅱ类为横断面的直径大小，Ⅲ类为厚度。

表 12-4　土壤松紧度等级划分

等级	刀入土难易程度	土钻入土难易程度
极松	自行入土	土钻自行入土
松	可插入土中较深处	稍加压力能入土
散	刀铲掘土，土团即分散	加压力能顺利入土但拔起时不能或很难带出土壤
紧	刀铲入土中费力	土钻不易入土
极紧	刀铲很难入土	需要用大力才能入土且速度很慢，取出也不易，取出的土带有光滑的外表

6. 孔隙

孔隙是指土壤结构体内部或土壤单粒之间的空隙，可根据土体中孔径大小及孔的多少表示（表 12-5）。

表 12-5　孔隙分级

孔隙分级	细小孔隙	小孔隙	海绵状孔隙	蜂窝状孔隙	网眼状孔隙
孔径大小/mm	<1	1~3	3~5	5~10	>10

7. 植物根系

植物根系的描述标准可分为 4 级（表 12-6）。

表 12-6　土壤剖面内的植物根系分级

描述	没有根系	少量根系	中量根系	大量根系
标准/（根系数·cm^{-2}）	0	1~4	5~10	>10

8. 土壤新生体

土壤新生体是指在成土过程中物质经过移动聚积而产生的具有某种形态或特征的化合物体，常见的土壤新生体有下列几种。

(1) 石灰质新生体：以碳酸钙为主，形状多种多样，有假菌丝体、石灰结核、眼状石灰斑、砂姜等，用盐酸试之起泡沫反应。

(2) 盐结皮、盐霜：由可溶性盐类聚积地表形成的白色盐结皮或盐霜，主要出现在盐渍化土壤上。

(3) 铁锰淀积物：由铁锰化合物经还原、移动聚积而成不同形态的新生体，如锈斑、锈纹、铁锰结核、铁管、铁盘、铁锰脐膜。

(4) 硅酸粉末：在白浆土及黑土下层的核块状结构表面有薄层零散的白色粉末，主要是无定形硅酸。

9. 侵入体

侵入体是指土壤的外来物而非成土过程的产物，例如砖块、石块、骨骼、煤块等。

10. 石灰反应

用 10% 盐酸滴在含有碳酸钙的土壤上会产生泡沫，这种现象称为石灰反应。根据盐酸滴在土上的发泡程度表示石灰反应的等级（表12-7）。

表12-7 石灰反应等级

等级	现象	记法
无石灰反应	不发泡	—
弱石灰反应	徐徐发泡	+
中度灰反应	明显发泡	++
强石灰反应	剧烈发泡	+++

11. pH值的简易测定

使用广泛pH试纸或pH混合指示剂。取黄豆大土粒碾散放在白瓷板上，滴入指示剂5~8滴。数分钟后，使土壤侵入液从瓷板上另一小孔淌走，用比色卡比色。

六、土壤样品采集

为进一步了解土壤的性质、分布和确定土壤的类型，需要有选择地将已观察记载的土壤进行采集，以便进行比较或室内分析。土壤样品的采集是土壤分析工作中的一个重要环节，是关系到分析结果和由此得出的结论是否正确的一个先决条件。由于土壤特别是农业土壤的差异很大，采样误差要比分析误差大若干倍，因此必须十分重视采集具有代表性的土壤样品。

1. 土壤样品采集的原则

根据土壤分析项目采集土壤样品时，原则上，采集的土样具有代表性和可比性，采样时按照等量、随机和多点混合的原则沿着一定的路线进行。等量，即要求每一点采取土样深度要一致，采样量要一致；随机，即每一个采样点都是任意选取的，尽量排除人为因素，使采样单元内的所有点都有同等机会被采到；多点混合，是指把一个采样单元内各点所采的土样均匀混合构成一个混合样品，以提高样品的代表性。

因此，在实地采样之前，要做好准备工作，包括收集土地利用现状图、采样区域土壤图、行政区划图等，制订采样工作计划，绘制样点分布图，准备采样工具、GPS、采样标签、采样袋等。

2. 确定土壤采样点的方法

1）随机布点法

当所划定的区域较大时，如果采样区不大，可改用"之字形"采样。如果土壤均匀，在0.5hm²的面积中，采10个左右的样点即可，如果面积较大，而且略有变异则采样点要增到25个以上，若变异明显，则应采用其他方法。

随机法可以得到样品形状的平均值和置信限，但不能了解该性质数据的分布。这种方法很少用于土壤调查工作，有时可以用于土壤肥力研究。

2）系统布点法

系统布点法的典型代表是方格法，即把所研究的区域分成大小相等的方格，间距15~

30m，线的每个交点即为采样点，每个采样点土壤由样点1m2范围内的8～10个小样构成混合样。这种布点法不仅可以得到这一地区土壤性状的平均值，而且可以了解其变异的规律和界限。

3）非系统布点法

非系统布点法被广泛应用于土壤肥力研究，包括试验小区采样。

4）采样点数量

土壤监测的布点数量要满足样本容量的基本要求，即上述由均方差和绝对偏差、变异系数和相对偏差计算出来的样品数是样品数的下限数值，实际工作中土壤布点数量还要根据调查目的、调查精度和调查区域环境状况等因素确定。一般要求每个监测单元设3个点。

3. 土壤样品的采集方式

不管用何种方式进行采集，每个采样点的土样应保持下层与上层的比例基本相当，采样量及取土深度注意均匀一致。土铲采样操作时，应先铲出1个耕层断面，再平行于断面进行取土；取样器取土，应入土至规定的深度，且方向垂直于地面。

1）土壤物理性质样品

土壤物理性质（包括孔隙度、土壤容重等）的测定应采用原状样品，可直接用环刀在各土层中取样。在取样过程中，尽量保持土壤的原状，使土块不受挤压，避免样品变形；采样不宜过干或过湿，注意土壤湿度大小，最好在接触不变形、不粘铲时分层取样，如有受挤压变形的部分则不宜采用。土样采好后要装入铁盒中保存，其他项目土壤根据要求装入铝盒或环刀，携带到室内进行分析测定。

2）土壤剖面样品

采集土壤剖面样品应按土壤发生层顺序采样，该类土样一般用于研究土壤基本理化性质。先在选择好的剖面位置挖掘1个长方形土坑，规格为1.0m×1.5m或者1m×2m，土坑的深度根据具体情况确定，大多为1～2m，一般要求达到母质层或地下水位。观察面为长方形较窄向阳的一面，挖出的土不要放在观察面的上方，应置于土坑两侧。自上而下划分土层，根据土壤剖面的结构、湿度、颜色、松紧度、质地、植物根系分布等进行确定。在分层基础上，按计划项目逐条进行仔细观察并做出描述与记录，以便于分析结果审查时参考，应当在剖面记录簿内逐一记录剖面形态特征。观察记录完成后，采集分析样品时，也是自上而下逐层进行，无需采集整个发生层，通常只对各发生在土层中部位置的土壤进行采集，将采好的土样放入样品袋内，并准备好标签（注明采集地点、层次、剖面号、采样深度、土层深度、采集日期和采集人等信息），标签同时附在样品袋的内外。

3）耕作土壤混合样品

耕作土壤混合样品的采集一般取耕作层20cm左右的土壤，不需要挖土坑，深度最多达到犁底层，该类土样可用于研究土壤耕作层中养分在植物生长期内的供求变化情况。对绿化带等处（植物根系较深）的土壤，可适当增加采样深度。采样点的数量可根据试验区的面积而定，目的是为了正确反映植物长势与土壤养分动态的关系，通常为15～20个点。可采用蛇形（"S"形）取样法采样，也可以用梅花形取样法布点取样。采样点的分布要尽量均匀，从总体上控制整个采样区，避免在堆过肥料的地方或田埂、沟边及特殊地形部位采样。采样方法是在确定的采样点上，用小土铲向下切取一片片的土壤样品，然后将样品集中起来混合均匀。

4）土壤盐分动态样品

为了掌握土壤中盐分的积累规律和动态变化，需要采集盐分动态样品。淋溶和蒸发是造成土壤剖面中盐分季节性变化的主要原因，因此这类样品的采集应按垂直深度分层采取。从地表起，每10cm或20cm划1个采样层，取样方法多用"段取"，即在该取样层内自上而下，全层均匀采取，这样有利于土壤储盐量的计算或绘制土壤剖面盐分分布图。研究盐分在土壤中垂直分布的特点多采用点取，即在各取样层的中部位置取样。此外，盐分上下移动受淋溶与蒸发作用的影响很大，因此，对采样的时间和采样深度应予以高度重视。

4. 土壤样品的采集量

混合样品以取土1kg左右为宜（用于推荐施肥的0.5kg，用于田间试验和耕地地力评价的2kg以上，可长期保存），可用四分法将多余的土壤弃去。四分法步骤如下：将采集的土壤样品放在盘子里或塑料布上，弄碎、混匀，铺成正方形，画对角线将土样分成4份，把对角的2份分别合并成1份，保留1份、弃去1份。如果所得的样品依然很多，可继续用四分法处理，直至达到所需数量为止。

5. 土壤样品的采集时间

土样采集的时间因分析目的而异。为了制订全年生产计划，按地块合理分配肥料，采样应在作物生育后期或收获后、施肥前进行；果园作物应在果品采摘后的第1次施肥前采样；为了诊断作物营养需要或追肥，应在农作物生长期采样；设施蔬菜在晾棚期采样；进行氮肥追肥推荐时，应在追肥前或作物生长的关键时期采样；为了改良土壤或改进栽培技术等，则应在该项生产措施的前后都要采样以便分析对比；幼树及未挂果的果园作物，应在清园扩穴施肥前采样。

6. 土壤样品的采集记录

土壤样品记录内容如下：

（1）采样日期，包括年、月、日。

（2）采样地点及编号，利用GPS确定野外采样点的经纬度。

（3）记录其所在的省、县、村、农户及地貌特征。

（4）采样方法，包括样点配置方法、混合采样点数、样点间距、采样深度等。

（5）采样地基本情况，包括荒地、农田、林地等的坡度、地形、利用情况等。

（6）采样人员等其他与采样相关的情况及需要说明的情况等。

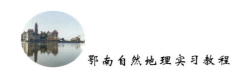

第十三章 实习路线

实习路线一

金家田保护站—金鸡谷—金家田保护站

点位：金鸡谷植物园。

实习点概述：该实习点位于九宫山自然保护区的核心部分，为保护区管理站所在地。此处植被原生性好，以常绿阔叶树为主，夹杂少量的落叶树种，树种组成有苦槠、甜槠、华杜英和厚皮香等；海拔 400m 左右，属于亚热带山麓基带。此处谷深坡陡，土壤土层薄，高大乔木的根系直扎于花岗岩的裂隙中。

实习目的：
(1) 掌握九宫山垂直带谱亚热带生物群落基带特征。
(2) 珍稀植物迁地保护珍稀植物园，观察珍稀植物珙桐、南方红豆杉。
(3) 认识亚热带基带主要建群种以及主要的群落外貌与结构。

主要教学内容：
(1) 提出问题——亚热带垂直山地的分带有何规律？
(2) 分组观察并讨论九宫山基带植被组成及其群落变化特征。
(3) 识别建群种、优势种及群落构成。
(4) 通过简易样方分组调查种群密度，比较不同海拔、不同坡度植被种群数量差异。
(5) 讲解珍稀植被迁地保护的条件，了解珙桐、南方红豆杉特征。

实习要求：
(1) 复习亚热带生物群落的特征。
(2) 复习生物垂直带谱分布规律。
(3) 认识珍稀物种、亚热带生物群落的建群种和优势种。
(4) 在野外要认真观察，完成实习报告。

实习路线二

金家田保护站—闯王陵—金家田保护站

点位：闯王陵门票站以西 450m 山坡（N29°23′40″，E114°33′53″）。

实习点概述：高湖乡卫生院后面有一个保护完好的亚热带常绿阔叶林生物群。群落的优势种明显，海拔不高，有助于进一步帮助学生理解亚热带常绿阔叶林生物群落的特征。

实习目的：认识亚热带常绿阔叶林群落优势种——苦槠林群落。

实习要求：复习亚热带生物群落的特征。

苦槠

实习路线三

九宫山云中湖—云关古寺—九宫山云中湖

点位：云关古寺入口处西侧山坡（N29°24′35″，E114°40′33″）。

点义：柳杉林观察。

实习点概述：该实习点分布有较单一人工柳杉树，乔木高大，林下灌木茂密。在较平的低地，土壤色黑、湿润，土壤团粒结构，腐殖质含量高。在重力地貌的影响下，柳杉树的基部呈现向下坡方向凸起，形如马刀，故名马刀树。在此处可以观察到树枝在空中呈扇形展开，进而理解生物与环境的关系。

生长素

柳杉

实习目的：

(1) 理解生态因子对生物的影响——马刀树的成因分析。

(2) 理解植物生长与生态因子的关系。

教学内容与安排：讨论生态因子对植物生长的影响。

实习要求：

(1) 掌握山地针叶林发育的土壤。

(2) 认真观察，明确点位和点义，完成实习报告。

实习路线四

九宫山云中湖—乌龟朝圣—九宫山云中湖

点位：乌龟朝圣景点。

实习目的：

(1) 认识黄山松-映山红群丛。

(2) 估测黄山松的高度、盖度、频度。

黄山松-映山红群丛

实习路线五

湖北科技学院

点位：湖北科技学院校园中心校区（N29°51′02″，E114°19′52″）。

定义：校园植物观察。

实习点概述：湖北科技学院中心校区，山水园林式校园，交通便利。园区种植如桂树、樟树、玉兰树、鹅掌楸、木荷、银杏等乔木，红叶石楠、含笑、杜鹃、栀子花、月季等灌木，三叶草、毛草等草被植物。景观植物种类丰富，植物形态特征明显，观察效果好。

实习目的：

(1) 通过对校园里的景观植物进行调查，认识校园常见植物，掌握野外植物调查的基本方法。

(2) 了解植物器官的主要类型和特征，并掌握植物分类的基础知识。

(3) 分析校园植物区系特征，使学生掌握植物区系分析的方法。

(4) 编写校园植物名录（要求比较详实）：调查植物的学名、俗名（汉语名、民族译名）、科名、用途、利用部位、生态习性、地理分布、形态特征等。

材料与工具：

材料：《植物检索表》、植物志、《高等植物图鉴》《中国种子植物属的分布区类型》和《世界种子植物科的分布区类型系统》。

工具：放大镜、镊子、铅笔、笔记本、计算器或计算机、照相机、标签、刻度尺、皮尺、钢卷尺、记录表格。

实习过程：

(1) 室内准备阶段。学生5人一组，明确任务分工；校园划片，每小组负责调查一片区域；准备好室外取样的工具。

(2) 室外观察阶段。植物形态特征的观察应起始于根部（或茎基部），结束于花、果实或种子。先整体观察，细微且重要的部分须借助放大镜观察。对花的观察要极为细致、全面：需从花柄开始，经过花萼、花冠、雄蕊，最后到雌蕊，必要时要对花进行解剖，分别进行横切观察和纵切观察，观察花各部分的排列情况、子房的位置、组成雌蕊的心皮数目、子房室数及胎座类型等。只有这样，才能全面系统地掌握植物的详细特征，也才能正确快速地识别和鉴定植物。

(3) 室内分析阶段。对照《植物检索表》、植物志、《高等植物图鉴》《中国种子植物属的分布区类型》《世界种子植物科的分布区类型系统》等工具书，对校园内所有调查的植物进行鉴定、统计，按照植物界系统演化关系，填写植物名录并把植物归并到科一级。

注意事项：

(1) 对特征明显且熟悉的植物，确认无疑后才能写下名称。

(2) 对于陌生的植株可借助于《植物检索表》等工具书进行检索、识别。

实习路线六

湖北科技学院—潜山国家森林公园—湖北科技学院

点位： 潜山国家森林公园亚热带珍稀植物园。

实习点概述： 潜山植物园原为国家亚热带树木引种驯化基地，总面积50hm^2，分北亚热带植物区、中亚热带植物区等7个区。共有树木种类475种，隶属70科164属，其中包括水杉、银杏、南方红豆杉国家一级保护植物3种；金钱松、香果树、喜树、香榧等国家二级保护植物9种。现已成为生产、科研、教学及科普的重要场所。本植物园位于潜山国家森林公园的核心部位，交通便利。园区环境幽静，植物茂密，主要分为乔木层、灌木层、地面层，珍稀植物均有挂牌，便于学习。

实习目的：

(1) 掌握植物群落样地调查内容与方法。

(2) 植物群落无样地调查法。

(3) 认识挂牌的珍稀树种。

实习要求:

(1) 教师在室内讲授 3 种群落调查内容与方法,要求学生课后认真领会野外操作步骤。

(2) 把学生分成 3 组:一组完成样法群落调查,一组完成无样地群落调查,一组完成频度法群落调查。

(3) 完成相关表格。

实习用品:

(1) 测量类,GPS 定位仪、地质罗盘仪、便携式光度计、大气温度计、地表温度计、土壤温度计、空气湿度测定仪、风速测定仪、指南针、测绳、计步器。

(2) 工具类,记录表格、绘图本、皮尺、标签、资料袋。

实习路线七

湖北科技学院—桂花源—鸣水泉库区—湖北科技学院

点位:

(1) 桂花源:(N29°42′57″,E114°20′13″)。

(2) 鸣水泉(略)。

点义: 植被景观观察与分析。

实习点概述:

在桂花源景区内,树龄为 50~100a 的桂花树达 2000 余株,是咸宁市名副其实的桂花之源。

鸣泉洞,又名黄金洞、天心洞,一年四季地下泉流不息,洞内吼声如雷,故得名"鸣水泉"(图 13-1)。石灰岩山体中有鸣泉洞,形成于 350 万~500 万 a 之间,鸣泉洞是一个多层次多阶段,多类型的岩溶洞穴,它上中下分 3 层,有九个洞口,其中修建电站开发了 2 个洞口。固有"天下第一闸"美誉。鸣水泉库区北、东、南 3 面呈现不同的植被景观,呈现出典型的区域差异性。

图 13-1 鸣水泉风景区景观

实习目的：

（1）选择土壤生态因子有逐渐变化的鸣水泉库区作为观察点。理解土壤因子对生物的影响。巩固课堂所学的植物与环境的基本知识。

（2）对比砂岩和石灰岩对应发育的红壤与石灰土剖面，绘制剖面图并文字描述。

（3）分析评价人为因素对生物的影响。

（4）在桂花源区观察古桂花树，测量空气温度、空气湿度、取土壤样品，分析桂花盆地之所以成为桂花源地的生态因子。

实习要求：

（1）提前在网上收集咸宁市桂花源的信息。

（2）提前预习生物与环境的相关性。

（3）在野外要认真观察、记录。

（4）绘制鸣水泉元库区自然景观地域差异素描图。

实习路线八

湖北科技学院—咸安区大幕山沿线—湖北科技学院

实习路线概况：

湖北科技学院校区—咸安区大幕山一线土壤类型多样，可以观察到不同母质发育的红壤、水稻土、山地黄壤、雏形土，学习内容丰富。

咸安区大幕山位于湖北省咸宁市，东南接壤通山县黄沙铺镇，距通山县城45km，西北与咸安区大幕乡相邻。该区域日照充足，雨量充沛，气候温和，植被繁盛，年平均气温13℃，夏季平均气温25℃，最高不超过33℃。大幕山区属幕阜山脉支脉，其森林覆盖率高达80%，总面积约40km^2，主峰甑背岩海拔954.1m。

实习目的：

（1）观察校区—大幕山沿线多种土壤类型的剖面，观察土壤的成土母质并绘制土壤剖面。

（2）准确描述观察区的景观植被。

（3）观察生物群落，分析、预测群落的过去及未来的发展。

No.1 咸宁东公路边砾岩区

点位： 咸宁东公路边砾岩区（N29°54′27.02″，E114°22′37.86″）。

点义： 砾岩的观察与描述和以砾岩为母质发育的红壤及相应分布的植被的观察与认识。

实习点概述： 该点因修建公路，山体被开挖，可看见大量砾岩出露。联系以前实习，咸宁东站与该处分布的岩石都是砾岩①，这种砾岩在咸宁分布很广（通山、崇阳、咸安区都有分布），湖北科技学院新校区附近也有（校区地基就是这种砾岩），胶结程度较好。

（1）富铁土的典型土壤剖面构型为 Ah—Bs—C，土壤颜色呈棕红色，紧实细腻黏重，

---

① 粒径大于2mm的圆状和次圆状的砾石占岩石总量30%以上的碎屑岩叫砾岩。

块状结构，结构体表面常有棕红色胶膜，一般以低活性富铁层作为主要的诊断层。

（2）沿途在公路右侧可以看到一种经济纤维的来源——苎麻，巨卵型阔叶，叶尖是锐尖，叶为全缘且边缘呈锯齿状，叶为纸质并互生，叶背长有白毛，手感很涩。咸宁以前以麻纺闻名，产麻出口，但后来受国际市场的影响而滞销。

教学内容：观察咸宁东站红壤剖面，分析成土母质。

No.2 杨畈村

点位：杨畈村路边田野间（N29°53′02.25″，E114°26′09.32″）。
点义：水稻土特点及其利用方式的认识与了解。
实习点概述：该处是典型的南方耕作的一种水稻土。

水稻土

No.3 大幕山一

点位：大幕山底（N29°50′30.30″，E114°30′55.39″）。
点义：土壤剖面构型的观察与描述和河流沉积物的相关内容。
实习点概述：该处土壤剖面有清晰的土壤剖面分层。据标杆估测，最上部的土壤层大概有不到1m的厚度，推断红壤。该土壤类型的剖面构型：腐殖质层 A 层（15～20cm）—B 层（50～80cm）—BC 层（堆积物 200cm）—母质层 C 层（母岩风化壳）。C 层底部的母岩与其上的堆积物（未固结成岩）有一个明显的分界线，这里的胶结物还未把这里大的砾石胶结成岩而只是堆积物。

实习任务：仔细观察剖面，分析其成因并绘制剖面图。

No.4 大幕山二

点位：大幕山半山腰（N29°45′49.02″，E114°33′21.84″）。
点义：大幕山半山腰乔木、灌木、近地表植物生物群落和腐殖质层的观察与描述。
实习点概述：大幕山半山腰。

（1）山地黄壤土壤剖面（图 13-2）有明显腐殖质层 A 层（30～40cm），土壤颗粒较大，

(a)   (b)

图 13-2 山地黄壤

(a) 山地黄壤剖面；(b) 山地黄壤地表生物景观

土质相对较疏松、颜色深黑；再往下就是紧实的部分，即理论上的淀积层 B 层，未发现母岩 R 层。

（2）亚热带次生群落（图 13-2）。在垂直方向上大致分为 3 层，即高大的乔木层、中间的灌木层、地表的草本植物层，它们共形成了一个郁闭度较高的亚热带生物群落并有一层明显的、大约有三四十厘米厚的腐殖质层。

实习任务： 仔细观察山地黄壤剖面，规范描述点位现状，绘制土壤剖面图。

No.5　大幕山三

点位： 大幕山休息点（GPS 坐标略）。

点义： 认识与了解大幕山野生成景樱属科乔木、杜鹃花科灌木（图 13-3）。

(a)

(b)

图 13-3　樱桃树
(a) 野生樱桃果；(b) 樱桃树枝干

实习点概述：

（1）大幕山是典型的中亚热带中山平均海拔 750m，最高点 954.1m。主要是以亚热带常绿阔叶林为主，混生有暖性的针叶林，如杉树、马尾松等。

（2）该处地形是典型的低山丘陵地形，因属"江南古陆"北部边缘地带，故这里日照充足，雨量充沛，气候温和，植被繁盛，年平均气温 13℃，夏季平均气温 25℃，最高不超过 33℃，气候类型属亚热带季风气候。

（3）发育形成成熟的土壤类型——红壤。

（4）咸宁市政府利用大幕山生物资源成片野樱花打造的樱花特色小镇，并投入资金进行精准扶贫。

实习任务：

（1）认识野生樱桃树、杜鹃树。

（2）认识山地黄壤。

（3）掌握山地土壤的垂直差异性。

No.6　大幕山四

点位：大幕山山顶（N29°45′08.06″，E114°33′25.87″E）。
点义：山顶地衣、苔藓、灌木和松树等先锋植物，以及相应土壤特点的观察与描述。
实习点概述：

（1）植被以灌木与禾草为主。

（2）在地形平坦处，可见厚厚的苔藓地衣和薄的土层。土层呈团粒结构、颜色很黑，为含有机质表层的石质初育土。

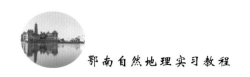

附录　野外实习注意事项

鄂南地区的自然地理实习横跨咸宁、大冶等数个县市，实习区域地理环境复杂，盆地、平原、山地、河流、湖泊等均有分布，野外实习要做好充分准备，尤其要注意安全方面的问题。实习开始之前，应做好专业知识、体能和物资准备；实习过程中，应注意观察环境、确保安全，认真听讲、详实记录、细致归纳、总结实习成果；外出活动时，应严格遵守实习点的相关规章制度、熟悉当地村规民俗。通过充分的准备，以确保实习活动安全有序地开展。

一、编组

实习出发前，应根据实习人数编排实习小组，遵循组间同质、组内异质原则，小组以 8~10 人为宜，男女混合编组，推举出实习小组组长，组长负责协调各项活动。

二、装备

野外实习前，实习团队购买适量的户外必备药品，个人根据自己实际情况购买必备的生活物品及护理用品。

（1）鞋袜：准备有防滑功能的户外徒步鞋或运动鞋 1~2 双，袜 2~3 双。

（2）服装：穿着适合野外活动的长衣长裤，结合实习点海拔和天气状况适当备 1 件春季保暖外套。避免短衣短裤，以防刮伤和被蚊虫叮咬，衣裤以速干为宜。

（3）随身物品：水壶、帽子、雨具（简易雨衣、雨伞）、记录簿、笔、录音笔（MP3）、相机等。

（4）护理用品：防晒霜、洗浴日用品等。

（5）药品：蛇药、止血药、碘伏、医用棉签、医用纱布、创可贴、跌打损伤消肿药、晕车药、感冒药等。

（6）备用工具：手机、手电筒、备用电池、充电器、相机存储卡等。

（7）食品：巧克力、糖果、面包等高热量食品，避免带饼干等膨化食品。

（8）相关专业书籍：实习前以小组为单位带 1 套基础专业课相关书籍。

三、安全

各实习队员在实习途中应严格遵守实习纪律，以确保实习过程中师生的安全，具体要求如下。

（1）实习过程中要服从带队老师的安排，不得擅自行动。未经老师允许，不得离开居住地或行进队伍。自由活动时，应男女结伴而行，不应远离居住地。

（2）实习途中要提高警惕，不得在危险区域（如悬崖边、悬崖底等）观景或拍照，做到防火、防盗、防交通事故、防自然灾害、防食物中毒等。注意保管好各自的重要资料、装备、财物等，防止物件丢失。

（3）在相关区域考察时，自觉遵守当地相关规章制度，服从指导老师和区内工作人员的安排与调度，爱护实习区环境，不得乱扔杂物，不得破坏区内景观，不得随意伤害区内动植物。

（4）爬山时，特别是遇有天气（雨、雾）变化时，地面湿滑，应结队而行，不得走险路、滑路，防止失足滑跌。雷雨天不要攀登高峰，不要手扶铁索或到大树下避雨，以免遭受雷击。遇有碎石路段时，尽量不要随意搬动，防止被动物咬伤或岩石滚落砸伤山下的同伴。

（5）实习过程中，应合理膳食，切忌暴食暴饮，切勿采摘野生果实、蘑菇食用或饮用不确定的水源，以免出现身体不适或食物中毒，进而影响正常的实习进程。

（6）实习途中，若出现有人受伤应及时报告，若受轻微伤，小组负责处理；若情况较为严重，应立即报告带队老师并紧急送往医院救治。

（7）在实习过程中，活动前与结束后小组组长及班级负责人要及时清点人数，做到集体带出，集体带回，如有异常及时报告带队老师。

（8）实习中应注意不要随意与陌生人交往，不违背当地村规民俗，以免上当受骗或引发纠纷。

四、学习

野外实习是室内课堂的拓展，是将室内理论学习和户外实践结合的最佳途径，实习结束后要进行相应的总结。因此，在实习中应做到如下几点：

（1）在户外，老师讲解时，应仔细听讲、认真思考，并用笔记本记录相关内容，亦可用录音及摄像工具记录相关内容，以便室内资料整理。因为野外实践教学的特殊性，遇到不明白的问题，应及时现场提问。

（2）每天回居住地时，小组应组织成员就当天实习内容进行讨论，并认真总结记录。

（3）小组长应该负责了解第二天的实习内容，组织成员进行相关内容的知识准备。

（4）实习途中可用相机拍摄相关专业图片，做好记录。

五、生活

野外实习是对学习能力、生存能力的一次检验，会面临诸多困难和突发情况，同学之间应相互帮助、相互协作。

（1）出发前，听从带队老师安排，带齐相应的生活必需品。

（2）实习过程中，小组成员应尽量集中。小组长负责协调小组成员活动，若出现掉队、迷路等问题，需保持冷静，小组长应设法向老师和同学取得联系。

（3）因野外实习路途远近、天气差异，应备好适量饮用水和食物。

（4）实习过程中，按时就寝，确保自己和他人的休息时间。

（5）每晚就寝前小组长应清点人数，并向班级负责人汇报。

主要参考文献

蔡朝晖,胡仁火,李亚男,等,2007.九宫山自然保护区植物多样性及保护对策[J].安徽农业科学,35(28):8954-5955,9048.
程东来,2009.野外实习的意义、作用和建议:以自然地理实习为例[J].咸宁学院学报,25(2):109-111.
程弘毅,王乃昂,2011.西秦岭地质地貌野外实习教程[M].北京:科学出版社.
傅抱璞,1983.山地气候[M].北京:科学出版社.
郝汉舟,2013.土壤地理学与生物地理学实习实践教程[M].成都:西南交通大学出版社.
湖北省地质局,1966.通山县幅1:20万地质图说明书[R].武汉:湖北省地质局.
湖北省国土资源厅,2013.湖北地质公园[M].武汉:中国地质大学出版社.
景才瑞,2005.景才瑞地学文选[M].武汉:湖北科学技术出版社.
李天杰,赵烨,张科利,2004.土壤地理学[M].3版.北京:高等教育出版社.
牛翠娟,娄安如,孙儒泳,等,2007.基础生态学[M].北京:高等教育出版社.
全国气象仪器与观测方法标准化技术委员会,2018.地面气象观测规范 总则:GB/T 35221—2017[S].北京:中国标准出版.
宋春青,邱维理,张振青,2005.地质学基础[M].4版.北京:高等教育出版社.
王道轩,宋传中,金福全,等,2005.巢湖地学实习教程[M].合肥:合肥工业大学出版社.
王娟,孙爱平,王开营,等,2011.土壤样品采集的原则与方法[J].现代农业科技(21):300-301.
王青锋,葛继稳,2002.湖北九宫山自然保护区生物多样性及其保护[M].北京:中国林业出版社.
吴冬妹,赵壁,余明,2015.九宫山温泉科学导游指南[M].武汉:长江出版社.
熊黑钢,陈西玫,2010.自然地理学野外实习指导:方法与实践能力[M].北京:科学出版社.
杨宝忠,徐亚军,2010.地质学基础实习指导书[M].武汉:中国地质大学出版社.
杨景春,1985.地貌学教程[M].北京:高等教育出版社.
杨坤光,袁晏明,2009.地质学基础[M].武汉:中国地质大学出版社.
殷秀琴,2014.生物地理学[M].2版.北京:高等教育出版社.
中国气象局,2003.地面气象观测规范[M].北京:中国气象出版社.

图书在版编目(CIP)数据

鄂南自然地理实习教程/陈锐凯等编著. —武汉:中国地质大学出版社,2021.1
ISBN 978-7-5625-2832-6

Ⅰ.①鄂…
Ⅱ.①陈…
Ⅲ.①自然地理学-实习-湖北-高等学校-教材
Ⅳ.①P926.3-45

中国版本图书馆 CIP 数据核字(2020)第 225467 号

鄂南自然地理实习教程			陈锐凯 等编著
责任编辑:龙昭月	选题策划:张 琰 张晓红 龙昭月		责任校对:周 旭
出版发行:中国地质大学出版社(武汉市洪山区鲁磨路388号)			邮政编码:430074
电　　话:(027)67883511	传　　真:(027)67883580		E-mail:cbb @ cug.edu.cn
经　　销:全国新华书店			http://cugp.cug.edu.cn
开本:787mm×1092mm 1/16		字数:217千字	印张:8.5
版次:2021年1月第1版		印次:2021年1月第1次印刷	
印刷:湖北星艺彩数字出版印刷技术有限公司			
ISBN 978-7-5625-2832-6			定价:39.00元

如有印装质量问题请与印刷厂联系调换